U0094290

LA VITA NELL’UNIVERSO

ALLE FRONTIERE DEL COSMO

镁

宇宙中的生命

[意] 詹卢卡·兰齐尼 - 主编
[意] 达妮埃莱·文图罗利 - 著
王柳 - 译

LA VITA NELL' UNIVERSO

SPM 南方传媒 | 广东人民出版社
·广州·

图书在版编目（CIP）数据

宇宙中的生命 /（意）达妮埃莱·文图罗利著；王柳译.— 广州：广东人民出版社，2023.10

ISBN 978-7-218-16739-8

Ⅰ.①宇… Ⅱ.①达… ②王… Ⅲ.①地外生命—少儿读物 Ⅳ.①Q693-49

中国国家版本馆CIP数据核字（2023）第127437号

YUZHOU ZHONG DE SHENGMING
宇宙中的生命

［意］达妮埃莱·文图罗利 著 王 柳 译

出 版 人：肖风华

责任编辑：王庆芳 方楚君 杨言妮
责任技编：吴彦斌 周星奎
特约编审：单蕾蕾

出版发行：广东人民出版社
地 址：广州市越秀区大沙头四马路10号（邮政编码：510199）
电 话：（020）85716809（总编室）
传 真：（020）83289585
网 址：http: //www. gdpph. com
印 刷：北京中科印刷有限公司
开 本：889 毫米 × 1194 毫米 1/16
印 张：10.5 字 数：235千
版 次：2023年10月第1版
印 次：2023年10月第1次印刷
定 价：79.00元

如发现印装质量问题，影响阅读，请与出版社（020-85716849）联系调换。
售书热线：020-85716864

目录

抛向黑暗的谜团，等待他的答案

卢卡·佩里

在过去很长一段时间里，“地外生命”“人类与外星物种接触”这些内容都只能算是不入流的科幻话题。

不过，从 20 世纪 70 年代开始，它们在科学界的地位变得日益显著。要知道，在那个年代，人们还没有发现太阳系之外的任何星球。

是啊，仅仅是往前推不到 30 年，人类都还不能证明，除了那些围着太阳转圈的行星之外，是否还存在其他行星。当然，对此我们一直在猜测，但直到 1992 年才真正找到一颗。可现在，目前已知的就有约 4400 颗行星分布在超过 3200 个行星系统当中，而我们也知道，这只是九牛一毛。现有统计数据表明，几乎每颗恒星周围存在至少一颗行星，而在我们所处的银河系之内就有至少 2000 亿颗恒星。更何况银河系又只是宇宙中约 20000 亿个星系中的一员。不过，令我们瞠目结舌的不只是这些数字，已知行星的种类同样非常丰富，它们的特征更是我们以前几乎无法想象的。不过，尽管人们目前对宇宙的认识还较为浅显，我们终究还是发现了那些行星。所以，大自然远比我们想象的要精彩得多。

至于各种地外生命，情况也许亦然。

不过，在思考上述问题之前，我们或许应当先来试着谈谈生命的定义。毕竟我们连地球生命是什么都未见得能够解释清楚。想想看，这几年人类一直在和同一种病毒做斗争[①]，而我们至今尚不清楚病毒到底算不算是一种生物。

---

① 这里指 2019 新型冠状病毒。——译者注（本书注释均为译者注）

可是，就算我们能给生命下一个定义，它恐怕也是漏洞百出的，因为这一定义仅基于我们这颗行星的有限经历。一旦我们碰到超出这一经历的事物，我们还有把握辨别出生命吗？如果能，那就说明我们得修改这个定义。又或者，我们选择掩耳盗铃、置真相于不顾，但那样一来可就是大错特错了。

路灯下，一个醉汉正在找东西。一名警察走过来，问他丢了什么。

“我把家里钥匙弄丢了。”醉汉答道，于是两个人一起找了起来。

可是，找了半天，钥匙依然不见踪影。警察就问醉汉是否确定钥匙就是在那里丢的。醉汉指着远处一个漆黑的街角回答说：“不，我是在那儿丢的。”

“那您为什么在这儿找呢？”

“因为这儿更亮啊！”

这个小故事也被称为“路灯悖论”。对地外生命的探索完全基于我们根据现有认知而进行的猜想，这些猜想照亮漆黑的宇宙，就像是小故事里的那盏路灯。我们不知道在这些路灯下寻找的做法是否正确，但从某种意义上来说我们应当做的就是开始寻找。

比如，地球上的生命需要液态水。顺着这个思路，我们可以推测液态水是构成生命的必要因素，从而化身为寻水术士[①]，在漆黑的宇宙中寻找它的踪迹。而这盏灯照亮的地方是否就是正确的地点，我们不得而知。我们能做的就是满怀希望，在坚持科学方法的同时，祈求好运助力。

可是，就算我们能在液态水的周围找到那些外星生物并且能够证明他们是生命，他们又会是什么样子呢？我个人觉得，在地球之外，双足类人型生物数量不会很多。人类的肌肉系统或肢体构造并不十分强大，头部太沉，再加上两条细腿，其实并不稳定。除非这些外星人生活在没有什么重力的太空环境中，否则我不觉得他们会像《第三类接触》[②]里那些又瘦又高的家伙们一样，个子那么高，摔一跤恐怕要摔碎头骨。倒

① 寻水术（Rabdomancy）是一种占卜法，用以寻找地下水，金属、矿石、宝石、石油或地脉，以及各种其他物品或物质；从事这种活动的人就是寻水术士。

② 《第三类接触》（*Close Encounters of the Third Kind*）是一部于1977年上映的美国科幻电影，导演是史蒂芬·斯皮尔伯格。

是《降临》[1]里的章鱼造型还不错，它们可以惬意地生活在那些表面覆盖有洋流的行星上，身体能够抵抗各种压力，所以深水浅水都不是问题。《迷失太空》[2]里的蜘蛛异形也具有极佳的力量体重比例，这种体型适合生活在重力加速度较高的行星上。不过，这些科幻形象只是比较符合我的个人喜好罢了，而真相很可能是，地球外的世界会一如既往地令我们瞠目结舌。

当然，大部分的地外生命也有可能会非常“简单”。所以，它们可能是一些微生物，不过，别看它们“微”，其结构也许会是难以想象的复杂。它们也有可能不是碳基生命。现实世界中，化学定律是适用于整个宇宙的，适合构成生命的元素其实就那么多。从构成生命的角度来说，碳元素和氧元素要优于硅元素，所以它们也更有可能成为地球之外稳定生化结构的基础。当然，这并不能排除硅基生命存在的可能，而且也许还会有一些目前不为我们所知的化学反应。不过，这些探索都要像寻找液态水那样，先从离我们最近的“路灯”下开始。不论由哪些元素构成，最初的生物都应当寻找、储存并且利用能量，即光能、岩浆热能、化学反应能甚至辐射能，也许还会有重力势能。

可是之后很有可能还会出现其他生物，并且开始利用同样的能源，然后就会产生资源竞争，具体表现就是捕食。接着，在一个有限的生态系统中，个体与个体、物种与物种之间就会互相影响，产生关联。

所以，就算现在我们还不知道外星人长什么样、肤色如何，我们也能大概想象出他们的一些举动，因为上面刚刚提到的那些情况似乎与是否在地球上没有多大关系，而是抢夺资源的典型做法。

又或许，我们所想的这一切其实一开始就是错的。

不过，还是任想象驰骋吧，假设我们找到了复杂生物甚至智慧文明存在的证据，那么我们有没有可能与之交流呢？在这种情况下我们肯定也会受到固有认知的束缚。

长期以来，人类通信靠一种特定波谱的电磁辐射——无线电波进行。于是我们起初也用这种方式在太空中寻找信号。后来，我们意识到这么做存在一定的局限性，也许有些地外文明用的是其他频率的波，比如加密光波，或者 γ 射线，又或者是其他什

---

① 《降临》(*Arrival*) 是一部于 2016 年上映的美国科幻剧情片，由丹尼斯·维伦纽瓦执导。

② 《迷失太空》(*Lost in space*) 是一部于 1998 年上映的美国科幻冒险电影，由史蒂芬·霍普金斯执导。

么。又或许是他们对与外界沟通这件事毫无兴致，所以选择直接忽略。甚至有可能他们虽然生活在一起，但彼此谁都不搭理谁呢？就像意大利某些地方的人一样吧。

可是，从地球生物的角度出发，沟通这件事简直是天经地义，物种个体们协同合作、保护自己免受侵害或是去攻击其他物种，靠的就是沟通。怎么可能会有不沟通、不交流的生命呢?

于是，我们认为智慧文明应该是开发出了他们自己的语言或者某种沟通方式。是的，我们人类已经习惯了用声音和光来沟通，地球上大部分动物也是如此，可还有一些动物却是通过嗅觉甚至磁场来沟通。这么说来，要是外星人们用磁场沟通的话，那就没我们什么事儿了，别说信息内容了，就连他们发没发信息我们都无从知晓。

话说回来，我们人类花了几千年的时间研究地球上的动物，可直到现在还是不知道它们是如何交流的。比方说，我知道蝙蝠靠声呐来感知外界，但这并不能让我知道这种长着翅膀的老鼠（生物学家看到这儿已经气晕过去了）脑子里都在想些什么。

总之，想和这些神秘的外星生物取得联系恐怕非常困难，只能说不是不可能吧！比如，我们已知的所有语言都包含动词、形容词和名词。毕竟语言都是由人类这一物种创造而来的，讲不同语言的人们除了文化背景有别外，他们的身体特征与思维能力其实是一样的。说到这儿还得举个例子，人类之所以特别喜欢十进制，原因就在于一般情况下，我们每个人有两只手，每只手有五根手指。可是如果外星人们没有手指，天晓得他们的语言又会是什么样。

有人认为，所有的语言中都存在一些数学规律，通过这些规律我们可以辨别出某一种语言，这种方法也适用来自其他星球的语言。可是，万一外星人只是用图像来交流，就像鱿鱼一样能够改变自身的颜色，那他们还会使用什么动词、形容词和名词吗?

除了不断探听之外，人类也尝试过向太空发送消息。20 世纪 70 年代初，我们用“先驱者”探测器向太空发送了两块带有图像的金属板[①]，之后又通过两艘“旅行者”宇

① 这里指先驱者镀金铝板，是安装在两艘无人驾驶太空探测器——“先驱者 10 号”与“先驱者 11 号”上的载有由人类发出的信息的镀金铝板。板上刻有一男一女的形象以及一些用以表示这艘探测器来源的符号。就像把信息放进樽内投进海里漂浮一样，这段信息将在星际漂浮。第一块镀金铝板随“先驱者 10 号”于 1972 年 3 月 2 日被发射到太空中，而第二块则随“先驱者 11 号”于 1973 年 4 月 5 日被发射到太空中。

宙飞船发送了收录有图像和声音的唱片[①]，还在 1974 年用阿雷西博射电望远镜发送了一段三分钟的无线电信号[②]。通过这些活动，我们将地球生命、人类文明、我们在太阳系中的位置乃至 DNA 的特点等基本信息发向了太空。

实际上，我们本可以只发出一些电子可视信号，然后等着外星人接收，他们只需要知道信息是来自地球的就行，根本不用在意什么内容；可最后我们还是设计出了各种信息，希望它们能够被外星文明解读。这个想法会成功吗？未必。

前面提到的两艘探测器需要几万年才能飞至太阳系外的其他恒星，至于我们向其发射阿雷西博信息的球状星团，其中的恒星大多非常古老，所以它们也许并非“招待”有生命行星的最佳选择；再者，阿雷西博信息编码采用的是二进制，因为我们坚信数学适用于全宇宙。其实，这一点是值得商榷的。人类研究数学是从平面几何开始的，因为我们生活的世界看起来似乎（必须加上这几个字才行）是平的。可是如果外星人对他们的世界有不同感知的话，也许就会创造出另一种几何学。

但是，真正的问题其实是，这条信息一定要“可懂”吗？

就算真的有外星人能收到这条信息并作出回应，可能也需要几十年甚至数百年才能传到我们这里。到时候，人类也许还是会像现在一样继续生活。就算我们真的在金星云层或者火星土壤中找到了一些微生物——那样的话可能会轰动一时——却也还是会像现在一样继续生活下去，不是吗？也许吧。

不过，与地外生命的接触可能会推动我们重新思考人类在宇宙中的地位。我们也许会明白，人类不再是独一无二的存在，而只是一种栖居在一颗脆弱而绝美的水滴上的生物。这种认知也许会帮助人们改变现有的生活方式，收敛我们那些受傲慢心驱使而做出的种种破坏性行为。

说到这儿，人类发送的各种信息是否有效或许已不再重要，重要的是我们能够

---

① 这里指旅行者金唱片。美国于 1977 年 8 月 20 日和 9 月 5 日分别发射了“旅行者 2 号”和“旅行者 1 号”两艘宇宙飞船，两艘飞船上各载有一张名为“地球之音”的铜质镀金激光唱片，唱片内收录了用以表述地球上各种文化及生命的声音及图像；两张金唱片承载着人类与宇宙星系沟通的使命。

② 这里指阿雷西博信息。1974 年，为庆祝阿雷西博射电望远镜升级改造完成，天文学家用这台望远镜向距离 25000 光年的球状星团 M13 发送了一段无线电信号，被称为阿雷西博信息。如果信息被地外智慧生命所接收，会读到如下内容：用二进制表示的 1—10 十个数字；DNA 所包含的化学元素序号；核苷酸的化学式；DNA 的双螺旋结构；人的外形；太阳系的组成；发射信号所用望远镜的口径和波长。

想到去这么做。在这些活动中，我们认真地思考了许多问题：我们该如何描述自我？在那些距离我们几十乃至数百光年之外的文明生物眼中——如果他们长有眼睛的话——我们该如何从生理和文化的角度介绍自己？我们又该如何当着同类的面，开诚布公地谈谈自己的优点和缺点？当然，我们也希望能够改正那些缺点，而这份自知之明往往是科学赋予我们的。

读者朋友们，如果允许你们向冰冷的宇宙荒漠中发送一条消息，你们会发些什么呢？大家会如何描述我们这些整天忙来忙去、向世界一味索取的人呢？当然，也可以不提缺点，而只强调人类历史上那些光彩的事情。又或者，我们可以望向那深邃的黑色太空，开拓出真正使我们为之自豪与骄傲的未来。也许，不需要等到来自地球之外的回答，我们就可以成为更好的自己。

卢卡 · 佩里（Luca Perri）

意大利国家天体物理研究所天体物理学家，米兰天文馆讲师，负责利用广播、电视、印刷出版物、文化节以及社交工具等媒体平台进行科普活动，与意大利广播电视公司 Rai 电视台第三频道“乞力马扎罗”栏目、广播电台第二频道、DJ 电台、《24 小时太阳报》电台，《共和报》，科普杂志《焦点》《焦点》（青少年版），意大利伪科学声明调查委员会、热那亚科技节以及贝加莫科技节等多家媒体、组织机构、平台均有合作；参与 Rai 电视台文化频道“超级夸克 +”等节目的脚本撰写与主持工作；意大利德阿戈斯蒂尼学校（德阿戈斯蒂尼出版社下属教育机构）签约作家兼培训专员，与西罗尼出版社、德阿戈斯蒂尼出版社以及里佐利出版社等合作，出版有多部科普作品。其中，《太空谣言》一书获 2019 年意大利学生宇宙科普奖。

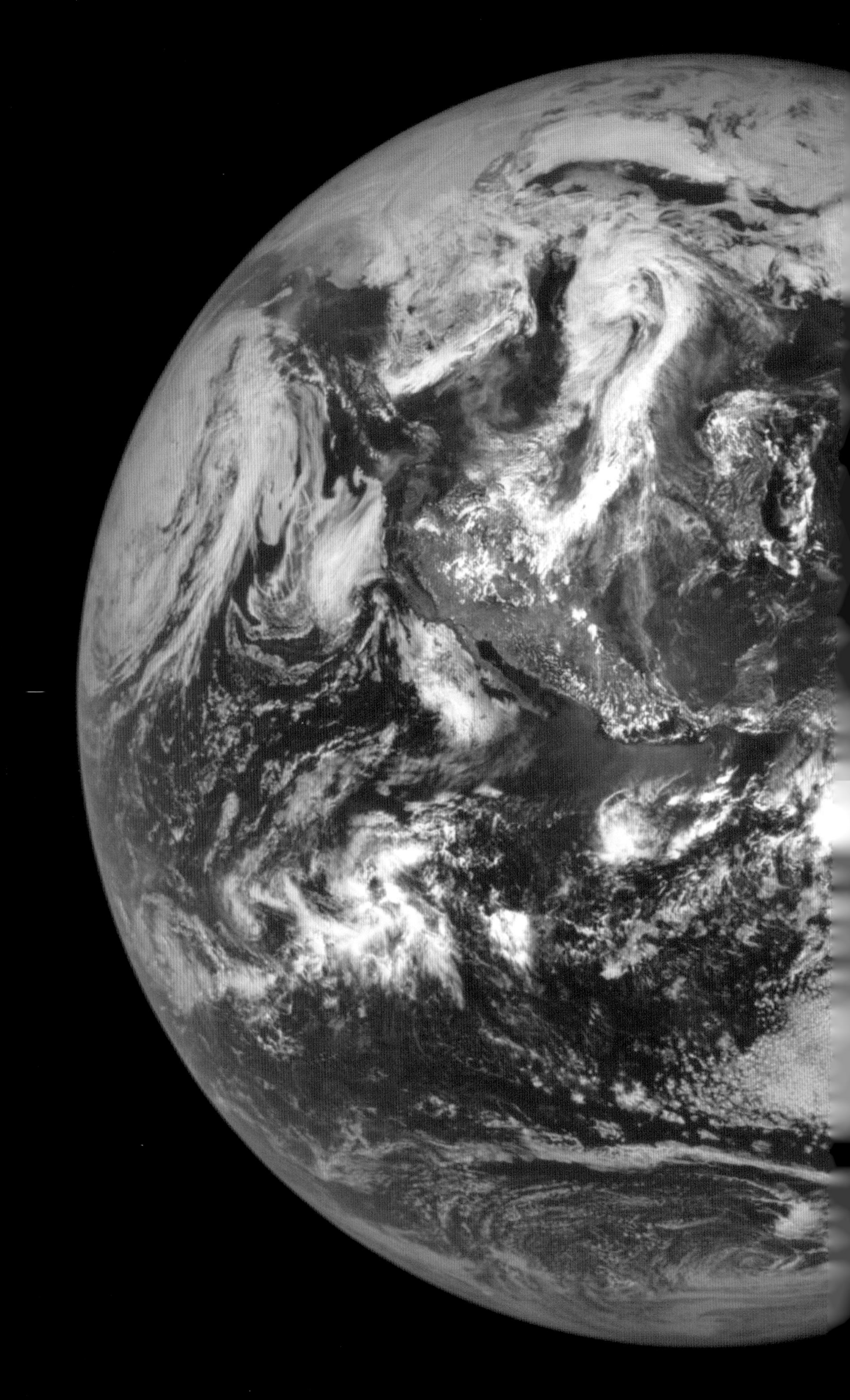

第一章

地球：一颗有生命的行星

我们常说人类想要探索新的星球；现在，让我们换个角度：外星生物会如何看待地球呢？他们能够理解地球上存在生命这件事吗？

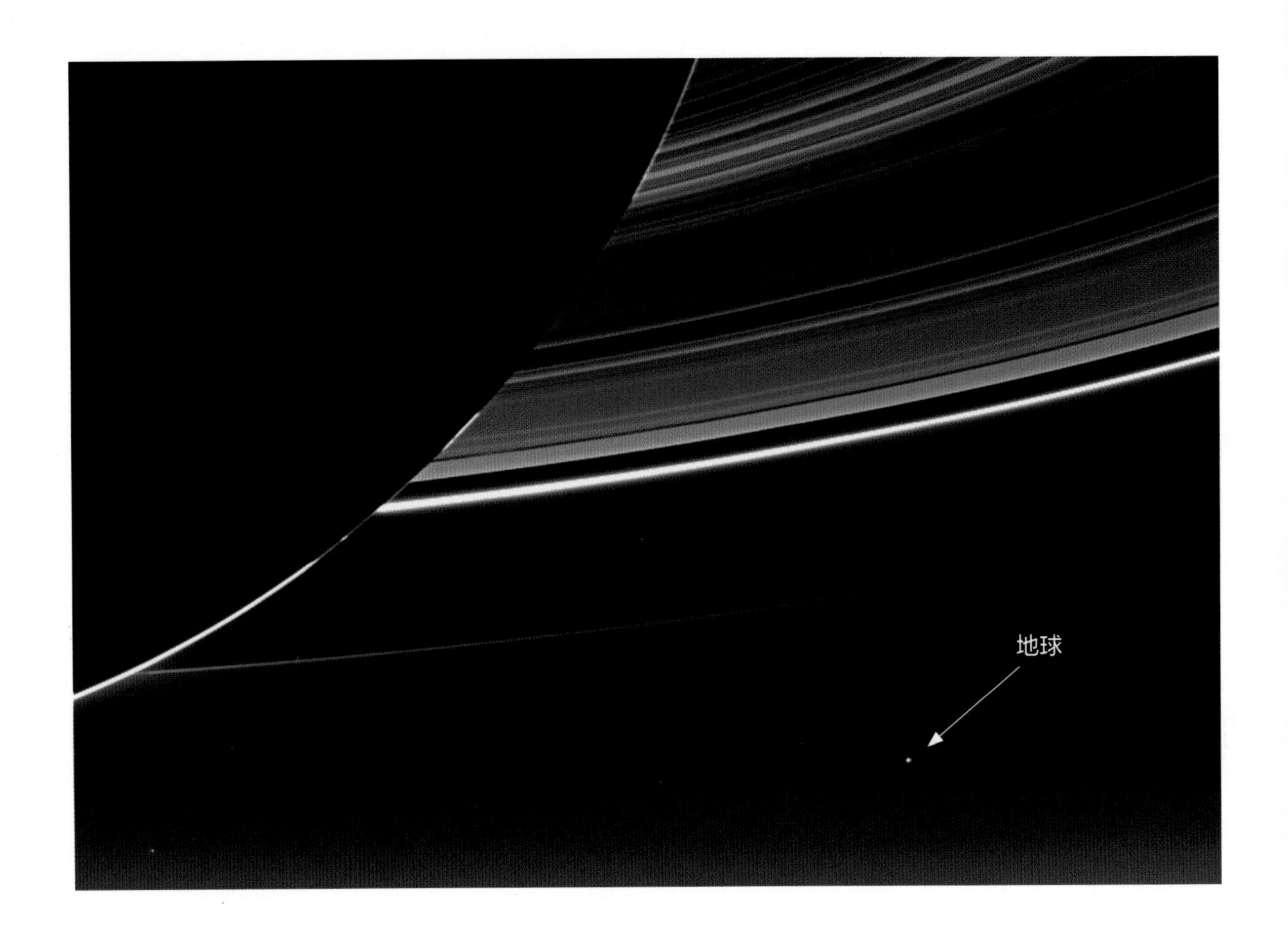

上图 “卡西尼号”探测器在距地球约14.4亿千米外拍摄到的照片。画面右侧像个小凸起的就是地球（图中白色箭头所指处）。其他的亮点是一些星星。除了部分阴影面外，土星的E环、F环与G环也清晰可见。照片拍摄于2013年7月19日，这一天也被称为“地球微笑日”（The Day the Earth Smiled），原因是当时一则新闻邀请全世界的人们在那天一起看向天空并露出微笑。图片来源：美国国家航空航天局/加州理工学院喷气推进实验室/空间科学研究所。

前页图 美国深空气候观测站卫星在距地球约150万千米处的太空中拍摄到的地球影像。图片来源：美国国家航空航天局。

30多年前，确切地说是1990年2月14日，“旅行者1号”探测器最后一次将镜头对准地球。为了在接下来驶出太阳系的旅途中节省能量，再过几分钟，它的摄像机就将关闭。而它最后传回地球的一幅图像，就是后来被称作“暗淡蓝点”（Pale Blue Dot）的照片。当时提出这一拍摄想法的是卡尔·萨根[①]，这位科学家兼科普作家在看到照片后所写下的文字时隔多年依然准确：“地球，只是浩瀚宇宙竞技场上一个小小的舞台……是我们唯一所知有生命居住的世界。没有其他地方——至少是在不远的未来里，可供我们这一物种移民。造访可以，但尚不能常驻。”[②]

---

① 卡尔·萨根，即卡尔·爱德华·萨根（Carl Edward Sagan，1934—1996），著名美国天文学家、天体物理学家、宇宙学家、科幻小说及科普作家，非政府组织行星学会的成立者。

② 这段译文摘自《暗淡蓝点——展望人类的太空家园》（*Pale Blue Dot: A Vision of the Human Future in Space*），上海科技教育出版社2000年10月出版，译者是叶式辉和黄一勤，略有改动。

虽然后来在 2013 年，“卡西尼号”探测器[①]拍到的“蓝点”照片更为壮观——地球的上方是一圈又一圈的土星环，阴影笼罩下的土星仿佛要将地球吞噬——但“旅行者 1 号”在 60 亿千米之外拍摄的惊世之作带给我们的触动依然无可比拟。

不同的视角

“卡西尼号”拍摄到的奇特景象引发了一种不同寻常的思考：从别的行星看地球会是什么样呢？这里我们说的不是太阳系中的行星，而是许许多多太阳系外行星当中的某一个，这些行星围绕其他恒星而

① “卡西尼号”探测器（Cassini）是“卡西尼－惠更斯”号土星探测器（Cassini-Huygens）的一个组成部分。“卡西尼－惠更斯”也是美国国家航空航天局、欧洲航天局和意大利航天局的一个合作项目，主要任务是对土星星系进行空间探测。2013 年 7 月 19 日，“卡西尼号”在距离地球约 14 亿千米处用高清晰度照相机拍摄了从土星位置回望地球的照片。

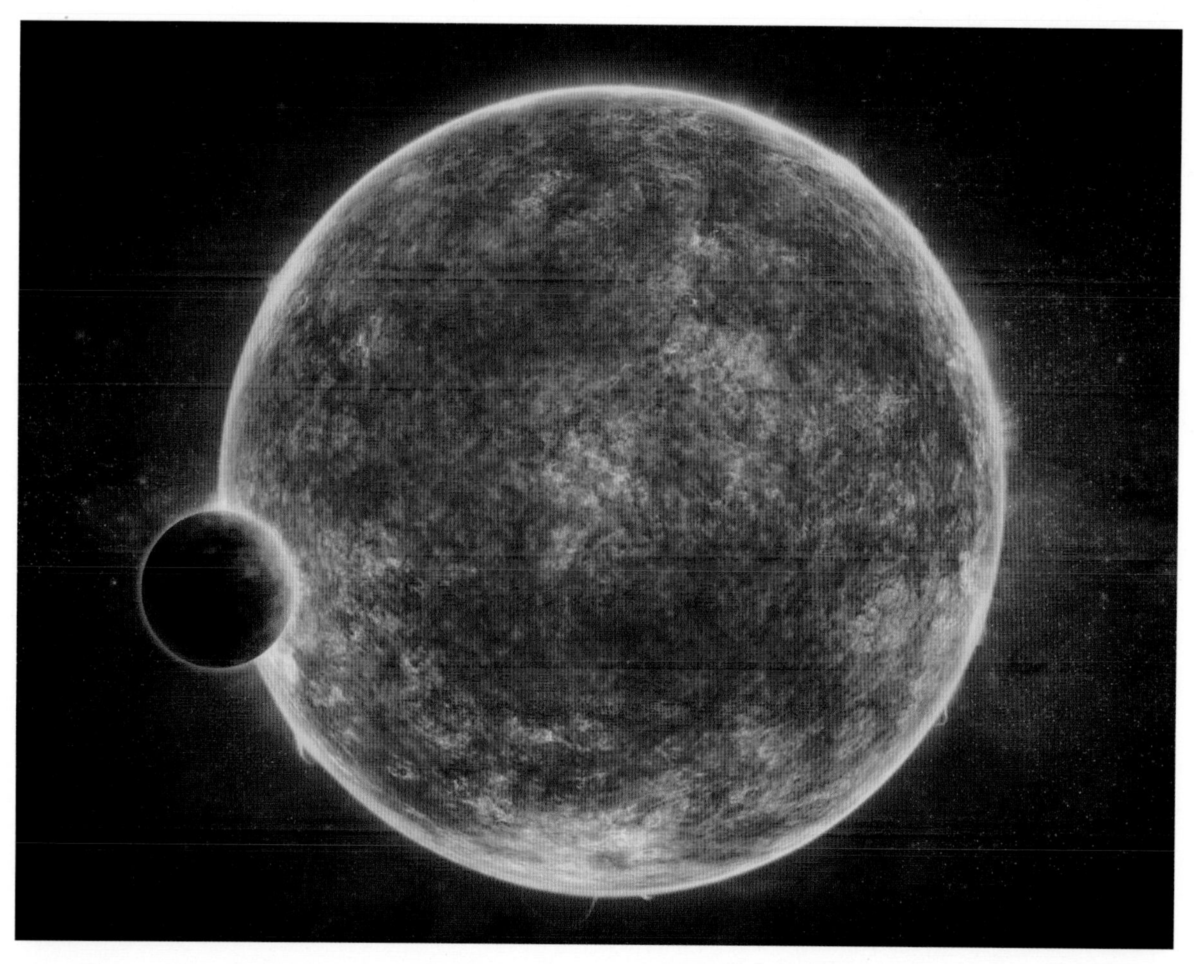

上图 “凌星法”是探寻系外行星最为有效的方法。而通过转变视角，我们可以想象外星文明用这种方法来寻找地球。图片来源：M. 韦斯 / 哈佛－史密松天体物理学中心。

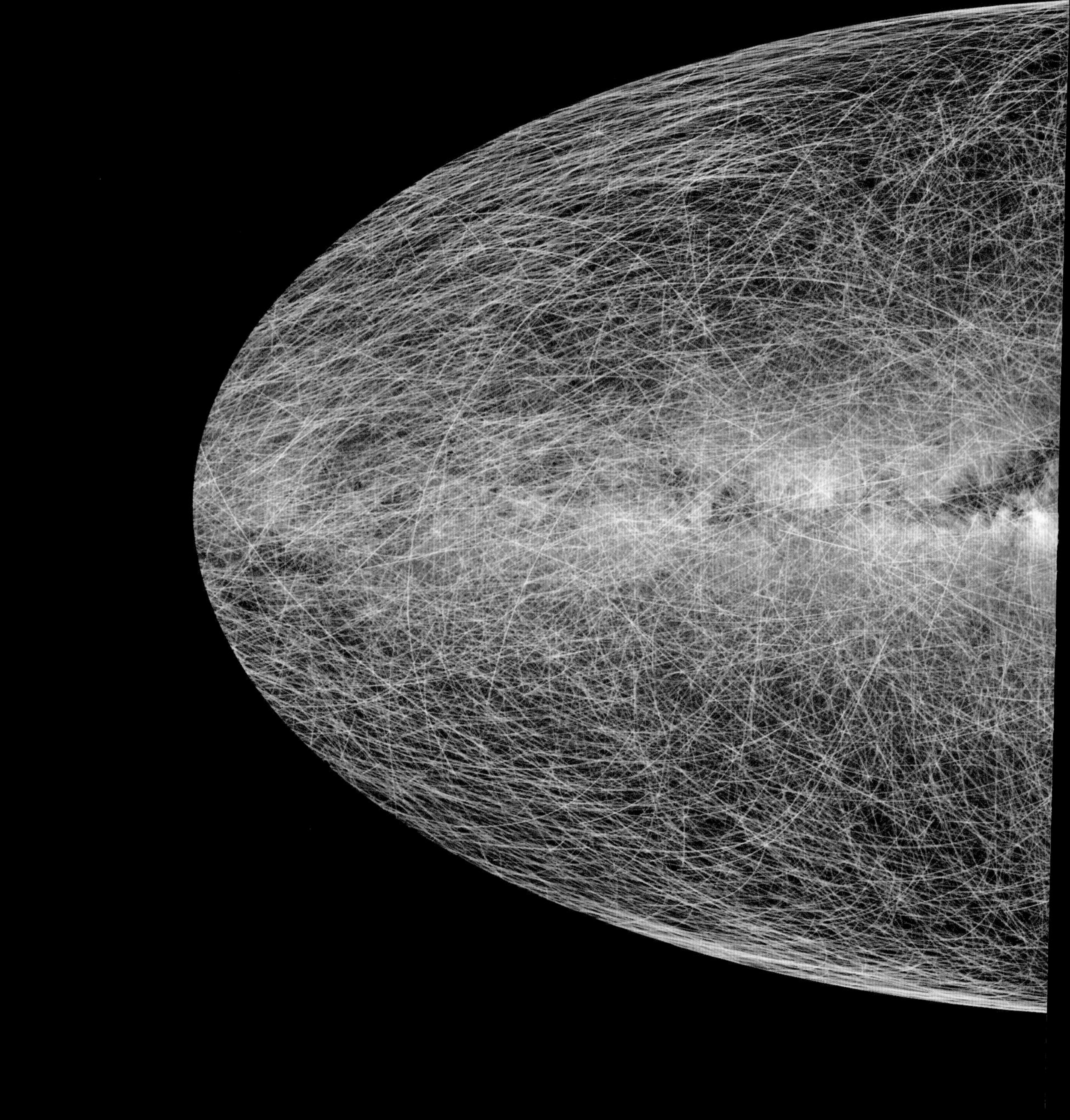

运动中的宇宙

这幅模拟图展现的是未来 40 万年中太阳系 100 秒差距（326 光年）范围内 4 万颗恒星的运动情况，根据盖亚卫星的观测数据生成。之所以能够绘制出这幅图像，原因在于盖亚卫星不仅能够记录每颗恒星的三维位置，同时也记录了它们在天球上的运动轨迹。图片来源：欧洲航天局 / 盖亚卫星 / 欧洲航天局行星巡天分析中心；鸣谢：A. 布朗，S. 乔丹，T. 罗日尔斯，X. 卢里，E. 马萨纳，T. 普鲁斯蒂，A. 莫伊廷奥（CC BY-SA 3.0 IGO）。

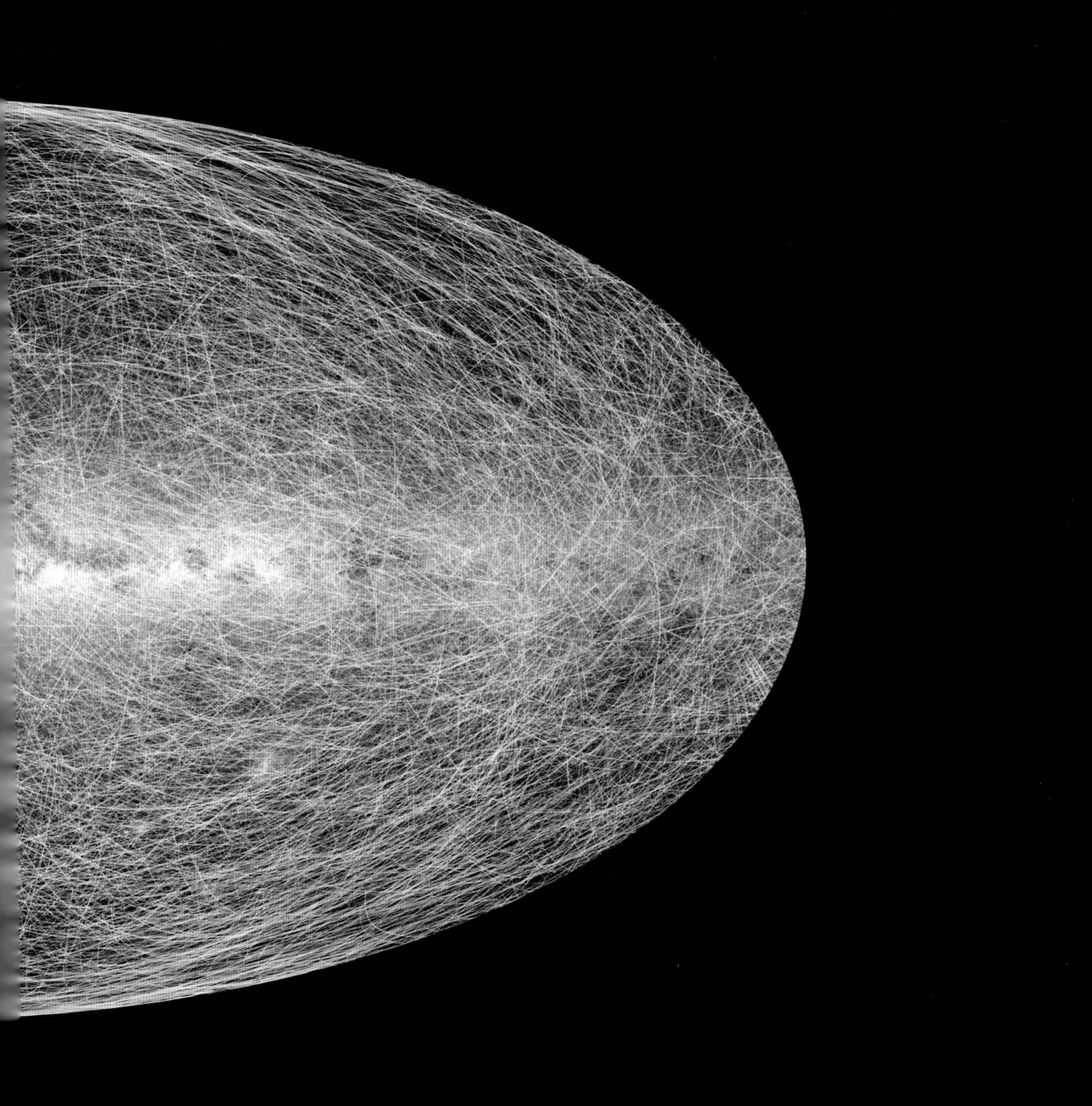

上图　1969 年 11 月 21 日，执行阿波罗 12 号任务的三名宇航员（小查尔斯 · 皮特 · 康拉德、艾伦 · 比恩和理查德 · 戈登）在刚刚结束绕月飞行准备返回地球时看到的一次日食。图片来源：美国国家航空航天局。

非太阳进行公转。但摆在我们面前的问题是，那么多系外行星，从哪颗看过来才能发现我们这个“暗淡蓝点”呢?

2020 年，两名美国科研人员丽莎 · 卡尔特内格与乔舒亚 · 佩珀回答了这个问题，两人采用“凌星法”来检验从哪些恒星（以及可能存在的相应行星系统）那里能够观测到地球，以及这样的恒星有多少。凌星法是我们从地球探测系外行星时最常用且最有效的方法，是指当一颗行星从母恒星盘面的前方横越时，母恒星的亮度会略微降低，这种变化是周期性的。于是，两名科研人员采用换位思考方法，研究从哪些恒星那里可能会看到地球的这一变化。而这种方法能否成功，关键要看那些试图观察我们的其他文明所处的恒星是否完全或者几乎完全位于黄道面上（黄道就是地球围绕太阳公转的轨道）。只有这样，太阳、地球和那颗恒星才有机会出现在一条直线上，从而出现“地球凌日”的现象（实际上就像是一种微小的日食）。

在对比查阅了各类星表之后，两名科研人员最后发现，在距离地球 100 秒差距[①]（约 326 光年）的范围内，有 508 颗恒星能够保证至少观测到 10 个小时（这是保证测量数据有效的最短时间）的“地球凌日”现象。这其中有 398 颗 M 型恒星（它们太过冰冷，可能很难孕育生命），2 颗亮度极高的 A

① 秒差距（Parsec，缩写为 pc）是天文学上的一种长度单位，1 秒差距约等于 3.261 光年。

型恒星（它们又过分热情），剩下的 108 颗则分属 K 型、G 型（类似我们的太阳）以及 F 型恒星，即一些表面温度处于中等水平的恒星。

在这些恒星中，离我们最近的那颗与地球之间的距离是 28 光年，这个距离放在天文概念中几乎可以说是近在咫尺。所以，如果这些恒星拥有行星，如果在这些行星中的某一颗上又诞生并进化出了能够进行天文观测的智慧生命，那么也许有一天，他们会发现我们这个“暗淡蓝点”吧。

凌日观测，意义几何？

不过，外星文明仅凭凌日观测还不足以发现我们的地球上遍布生命，还需要更加仔细地研究地球大气。假如他们能这样做，他们就会发现，与太阳系中的其他行星相比，地球的大气成分非常特别，其中包含大量的水蒸气、氮气、氧气、二氧化碳以及甲烷等气体。

再假如，能观测到太阳系和地球的外星文明不在那些距离我们较近的星球上，而是远在太阳系之外、数万光年之隔，那他们看到的也许不是我们的现在，而是地球几万年前的样子。这样推理下去，如果我们的假想观察者处在另一个星系，与我们相距迢迢几十亿光年，那他所能观察到的甚至会是地球的初生以及地球上生命的初生。他还能够看到，大约 40 亿年之前，地球冷却、表面固化之后不久，大气成分发生的巨大改变。起初，围绕在我们之外的是一层厚厚的由甲烷（CH_4）与氮气（N_2）组成的大气，在阳光的照射下，又形成了一系列由碳（C）原子、氮（N）原子和氢（H）原子相互结合而成的有机化合物；渐渐地，这层气体的厚度开始逐渐降低，其中的氧气越来越多。就这样一直到大约 24.5 亿年前，才最终形成了我们现在的大气层，由氮气（如今体积占比约 78%）、氧气（占比约 21%）和少量其他气体构成。然而，如同前面所讲，这样的“观察”听上去真有些像是痴人说梦，因为这当中不仅要跨越极其遥远的距离，还要坚持上几十亿年之久。也许，区区一个地球，不值得这么大费周章吧。此外，还必须要考虑的事实就是，从卡尔特内格和佩珀两位研究员发现的那些恒星上看过去，每次的地球凌日时长也只不过数年而已。

一颗平凡的恒星……却专属于我们！

也许——至少一开始——我们假想的地外观察者可能对太阳更感兴趣，倒不是因为太阳在宇宙当中有多特殊，而是在于它本身的一些特点。首先，银河系中大部分恒星是成对出现的双恒星，可太阳偏偏就不是。至少现在不是，因为根据一些理论，一开始太阳也有另一半，可是这两颗恒星转着转着就看不见对方了。现在，另一颗“太阳”也许还在双恒星轨道上运转，但是它与我们的太阳却可能相隔有 5 万个乃至 10 万个天文单位（天文单位是地球与太阳之间的平均距离，约为 1 亿 5 千万千米）。埃奇沃

地球原始大气

苏黎世联邦理工学院科研人员2020年11月末发表在《科学进展》期刊上的一项国际合作研究成果表明，大约45亿年前，覆盖在地球表面的岩浆刚刚开始冷却，当时的地球大气与如今的金星大气非常相似。研究者同时发现，相比于现在的地球大气，原始大气要厚重、稠密得多，而当时的地表压力也大概是现在的100多倍。

上图　2020年5月30日太阳轨道飞行器的极紫外成像仪拍摄到的太阳。在波长为17纳米的极紫外光线下，太阳大气的最外层即日冕清晰可见，那里的温度大约为100万摄氏度。图片来源：欧洲航天局太阳轨道器/欧洲太阳光学成像望远镜/欧洲航天局和美国国家航空航天局；比利时皇家天文台、法国巴黎天文台、德国马普太阳系研究所、瑞士太阳辐射物理和气候中心、比利时皇家观测所、英国伦敦大学学院/穆勒太空科学实验室。

上图　早先地球上的风景可能是这样的。当时的火山活动非常频繁，向大气中释放了大量含有毒物质的气体，如二氧化硫（SO_2）、含有氯元素和氮元素的化合物，以及大量的二氧化碳（CO_2）。此外，火山喷发时排出的水蒸气与大气中的烟尘相混合，形成巨大的云团，转而带来暴风骤雨，电闪雷鸣。天空中还常常划过流星，它们是各种行星形成后的一些残余物质。图片来源：美国国家航空航天局。

斯－柯伊伯带①的周期性共振也许就是这种运转模式带来的影响之一，这片区域中聚集着一些离太阳极为遥远的小型天体，一些小行星、彗星可能就是被这些振动抛进太阳系中的。

而只有一颗太阳的好处在于，太阳系中的行星不至于像双恒星系甚至三恒星系中的那些行星一样，忍受变幻莫测、反复无常的辐射的折磨。的确，地球大气层外部受到的太阳辐射（在来到地表土壤之前已受到削弱）如今是非常稳定的。垂直于大气层顶界的太阳辐射量被称为“太阳常数”，数值为1362W/㎡。虽然这一数值一直处于周期性的小变动当中，但是40亿年以来似乎也仅提高了25%而已。根据太阳质量恒星演化模型的测算，地球受到的太阳辐射其实较为微弱，然而却在形成后不久就出

① 埃奇沃斯－柯伊伯带（The Edgeworth-Kuiper Belt），又称作伦纳德－柯伊伯带，另译柯伊伯带、古柏带，位于太阳系海王星轨道（距离太阳约30个天文单位）外侧，黄道面附近的天体密集圆盘状区域。

现了液态水（而非冰），这一自相矛盾的情况（所谓的“年轻太阳暗淡悖论”）由卡尔·萨根在 20 世纪 70 年代初指出；对此的一种解释是，如同我们之前所观察的那样，起初地球之外那层厚厚的大气很可能含有大量的甲烷与二氧化碳，而氧气则较少，所以能够形成较强的温室效应，从而提高了地球表面温度，使液态水得以存在。

隐蔽的位置

地球所处的行星系统在银河系中的位置十分隐蔽，这是一片名叫“猎户臂”的区域，在这里可以免遭黑洞突然释放出的大量 X 射线与 γ 射线辐射。黑洞位于银河系中心，距离我们的地球约 28000 光年。不过，这个位置在银河系中还算不上太偏僻，这使得之后太阳系的前身——原行星盘能够从多发于银河系中央的超新星爆发中吸附到包括铁和碘在内的重元素，进而转移到各类生物体上。

此外，太阳这颗恒星固然不再年轻，但也谈不上太老。的确，恒星诞生后，初期会释放大量的辐

上图　从系外行星 HD 188753 Ab 的一颗卫星上看到的影像效果图，该行星处于三恒星系统中。图上最亮的那颗恒星刚刚“落山”。图片来源：美国国家航空航天局 / 加州理工学院喷气推进实验室。

射，甚至会突然向外抛射能量，这是由于它们内部的核反应还不稳定。这些辐射穿透当时一些处在形成阶段的行星，消灭了它们孕育生命的可能。恒星的寿命即将终结时，它会开始渐渐衰弱并不断坍缩，最后或是迎来新的膨胀，进而吞噬掉所在星系中距其最近的行星（太阳的命运就是如此），或是以超新星爆发的方式结束一生。

总之，几十亿年以来，太阳一直处在一种相对稳定的状态中，而且至少在未来20亿年里依旧如此。地球上的生命也因此有了足够的时间来繁衍生息，甚至是从几次物种大灭绝中卷土重来。

一颗令人好奇的行星

于是，我们所在的这颗行星不免让假想的地外观察者产生了些许疑惑，他们围绕的是一颗虽然普通但长期以来却非常稳定的恒星，可是他们的大气却随着时间的推移发生了演变。倘若地外观察者还能测出地表平均温度，就会发现另一个奇特之处。按照物理定律，地球表面的平均温度本应该在-18℃左

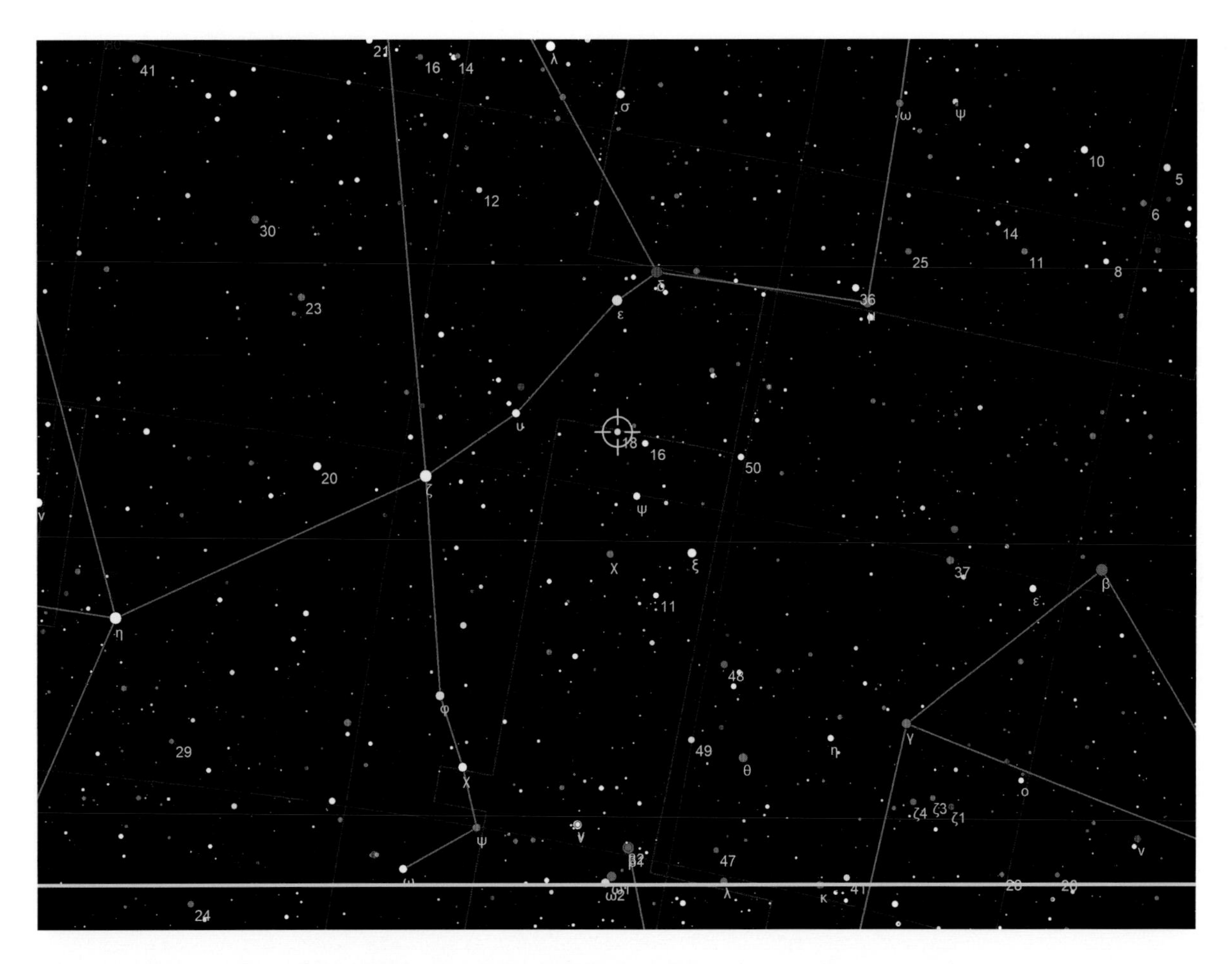

上图　罚一（天蝎座18）恒星在一幅星图上的位置。图片下方的黄线是天球赤道。图片来源：Tomruen (CC BY-SA 4.0)。

是否存在与太阳一模一样的恒星？

这样的恒星肯定存在，但很可能不会太多，要想成为太阳的“孪生星”，就要在年龄、温度、金属丰度（星体内部存在比氦更重的元素）等方面与其一致，而且还不能与其他恒星为伴。罚一（天蝎座18，上页黄圈内）也许是目前所能观测到的与太阳最为相似的恒星，它位于天蝎星座，距离地球45.3光年，是一颗黄矮星，处在肉眼可视范围内。2017年似乎发现了一颗围绕它运转的行星，但至今还无法得到证实。

拓展阅读
“其他太阳”下的植物

在我们的星球上，大部分植物是绿色的。这是因为使植物吸收阳光从而进行光合作用的叶绿素是绿色的，它主要吸收太阳光中的红光与蓝光。光合作用可以使植物（还有其他许多微生物）利用大气和水中的二氧化碳产生各类单糖。但是，还有的行星围绕其他恒星而非太阳旋转，在这些星球上，植物的主要颜色因行星所围绕恒星光线的光谱变化而变化。于是，一如几年前美国国家航空航天局研究生物圈与大气圈关系的太空生物学家南希·江所预估的那样，围绕M型红矮星旋转的行星，其上的植物们很可能多为黑色，为的是尽可能多地吸收光线；反之，如果星系中心是F型恒星——这种恒星能够放射出更多颜色各异的光线，那么该星系行星上的植物大部分应该会呈现一种金属银色。

右。然而，由于大气中各种气体形成的温室效应，地表平均温度实际约为15℃。不过，要想认识到这一点，地外观察者可能需要发射一架探测器来检测地球大气的组成成分。

事实上，我们已经知道这架探测器将会看见哪些景象，这里还是要感谢卡尔·萨根，他在20世纪80年代末提出，要利用“伽利略号”探测器在前往目的地木星及其主要卫星之前两次掠过地球的机会，将该探测器上装载的仪器设备转向地球进行观测。当然，这在本质上有助于我们去理解“伽利略号”对其他星球的观测结果；但同时，我们也可以把这种做法看成是某个外星文明发来探测器对地球进行近距离观察。“伽利略号”对地球的观测结果于1993年发表在《自然》杂志上，其中的一些参数至今仍被称为萨根生命标准，用来判断人们所观察的某颗行星上是否存在生命。

30多年过去了，虽然从太空中看到的地球景观发生了一些改变，但“伽利略号”观测到的数据总体上依然具有参考意义。几十年来，包括正在运行的人造卫星、太空碎片在内，围绕我们地球旋转的物体数量大大增加了。

因此，当初并没有必要通过搜寻窄带无线电信号去探明地球上至少存在一种能够开发出无线电通信

上图　在一颗所环绕恒星亮度、热度都高于太阳的行星上，植物的颜色也许会像图片中的一样。图片来源：道格 · 卡明斯 / 加州理工学院 / 戈达德航空航天中心 / 美国国家航空航天局。

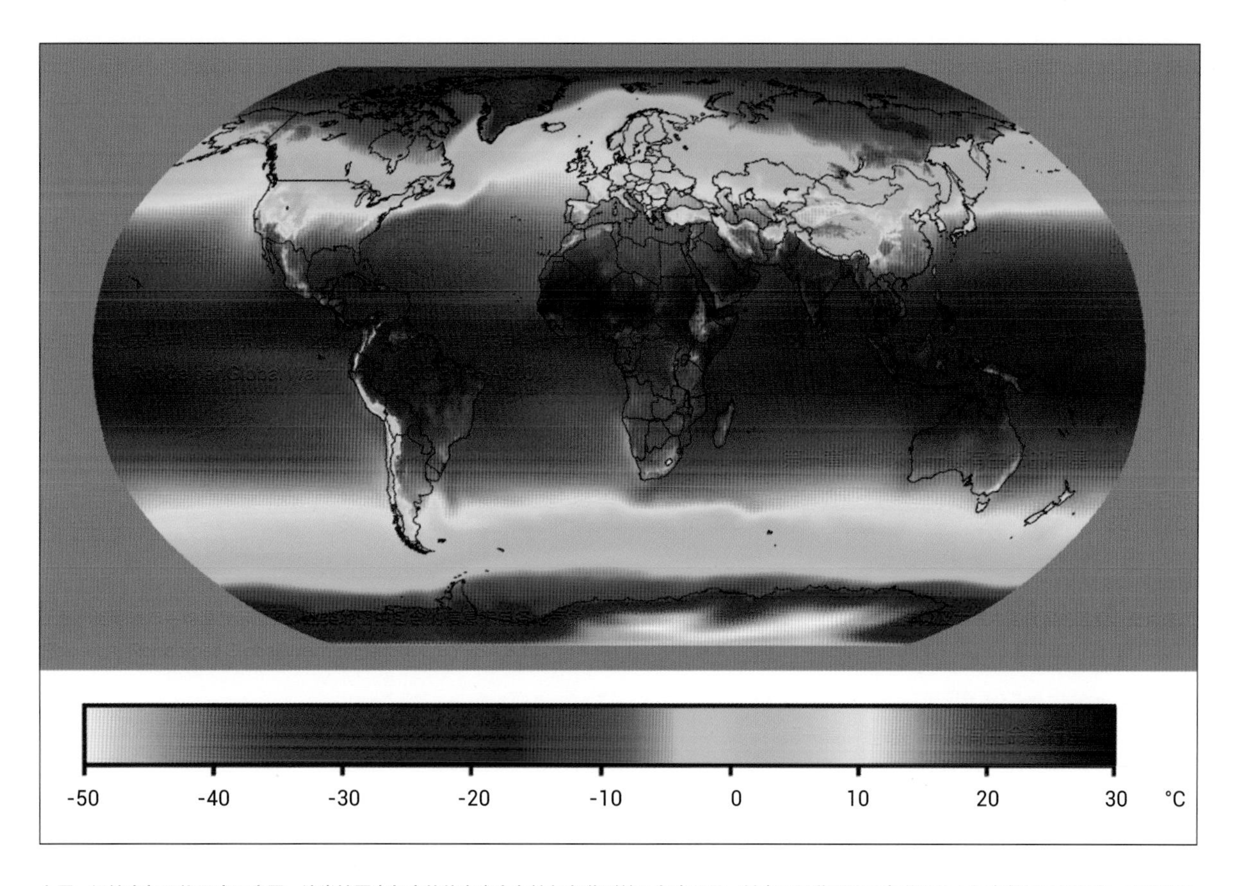

上图　近地表年平均温度示意图。这类地图中包含的信息来自各地气象监测站和各类卫星。其中卫星监测的是海洋以及大气中各气层的温度。图片来源：Robert A. Rohde per Global Warming Art (CC BY-SA 3.0)。

温室气体的踪迹

大气中那些能够保留地表反射光线的气体也可以被用来探究太阳系外某颗行星上是否存在生命。尤其是2018年发表在《科学进展》上的一项研究表明，比较“有戏”的气体构成比例应当是甲烷和二氧化碳（简单生物体新陈代谢的产物）占比较高，而一氧化物（那些简单生物的养分来源）含量则相对较低。2021年12月，发射时间几经推迟的詹姆斯·韦布太空望远镜即将被送上太空，以其为代表的新型太空望远镜就是要在系外行星的大气中寻找这些温室气体的踪迹。

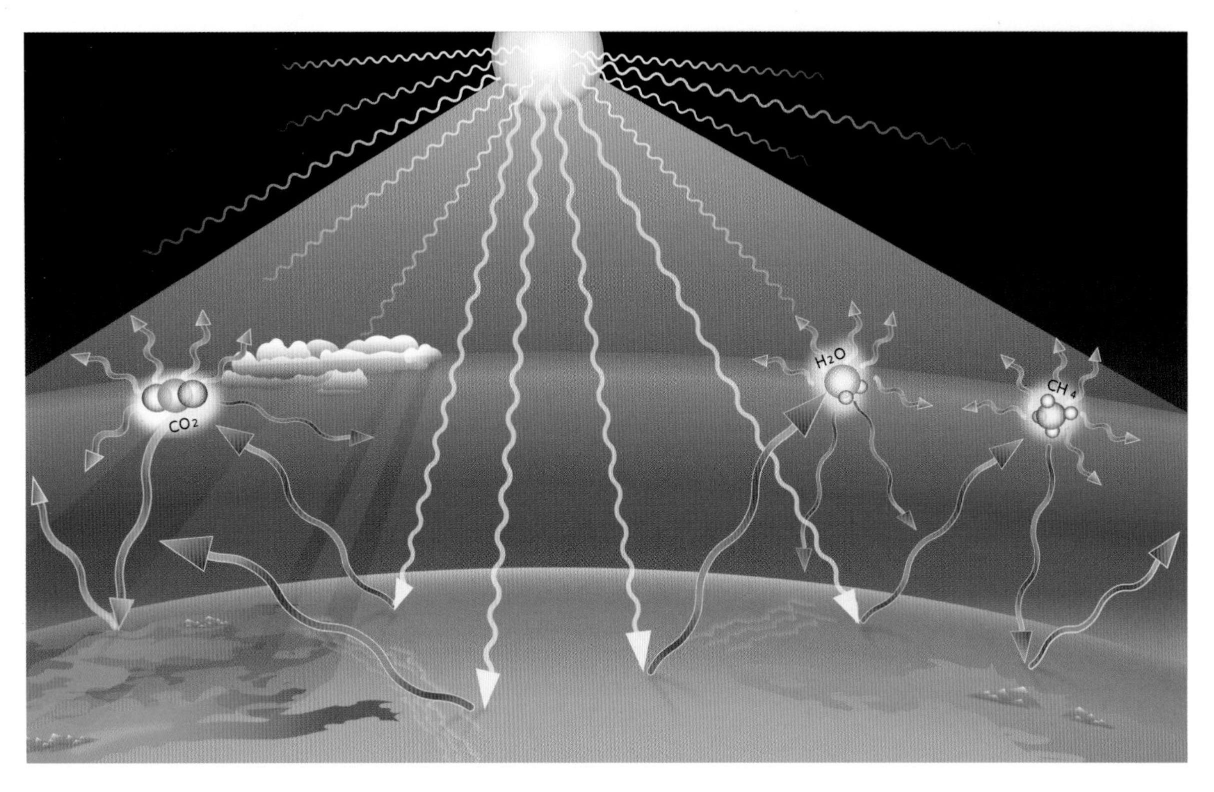

上图　地球大气层中的主要温室气体示意图。可以看到，图中除了二氧化碳（CO_2）和甲烷（CH_4）外，还有水蒸气（H_2O），因为水蒸气的温室效应也很强。图片来源：CC BY-SA 4.0。

技术的物种；也许，当时人们还能很快明白地球上的物种还可以向太空发射物体。此外，在所有这些物体中，“伽利略号”应该还能够观察到国际空间站这个庞然大物，它在距离地球表面400千米的上空每天绕地球飞行约16圈。

但是，让我们回到20世纪80年代。从“伽利略号”发回的图像和信息中，人们马上会发现，月球虽然绕着地球旋转，但是却没有生命迹象。比如，过去和现在都没有证据证明月球表面存在液态水。此外，采用不同滤镜拍摄的图像表明月球上的岩石成分不尽相同，还有明显的火山活动痕迹，不过距今已过去了很长时间。

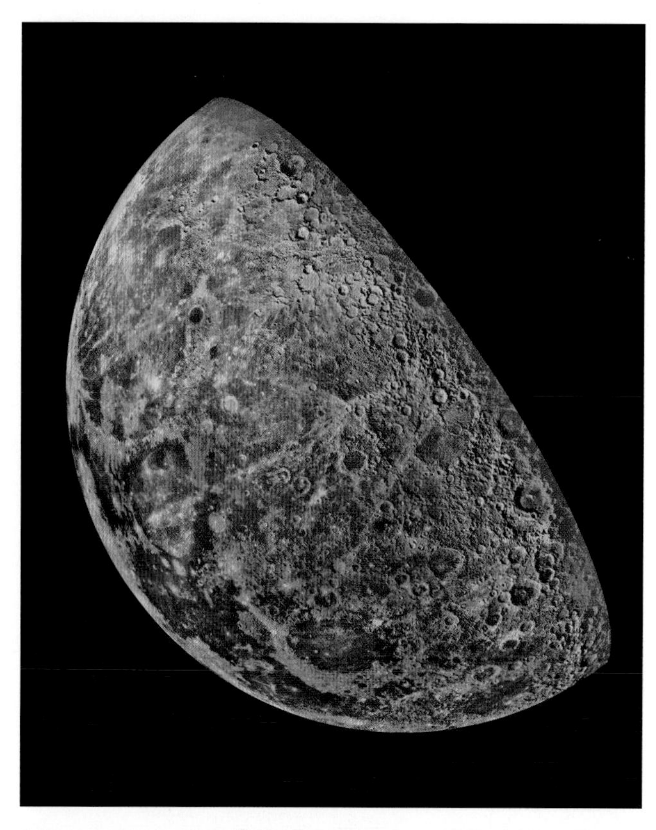

上图　1992 年 12 月 7 日，“伽利略号”拍摄的 53 张月球伪彩色照片合成图。图片上的不同颜色代表着月球表面的不同成分。例如，深蓝色部分是月球上的“静海”，相比周围的海洋，“静海”中的钛元素含量更高。图片来源：美国国家航空航天局 / 加州理工学院喷气推进实验室。

而地球起初则包裹在一团异常活跃的大气中，水以蒸汽的形式存在于其中。此外，“伽利略号”的分光仪还在地球大气中检测到了氧气与甲烷气体分子，如果地球上没有生命的话，这两种气体的浓度本应当低得多，甚至根本不存在。

经观察地球大气中存在氧气的理由也非常充分，地球表面分为大片液态水域（一片片海洋）和岩石地带（一块块陆地，早先科学家们称其为“土地”)，它们能够大量吸收太阳光中的红外线，这表明地球上大部分地方应当存在一种绿色色素。倘若“伽利略号”能够发射一架探测器登陆地球表面开展研究，那么它就会发现这种色素实际上就是叶绿素，各种植物以及其他微生物靠它进行光合作用，即利用水分子受光照后分解而来的原子以及空气中的二氧化碳获得各种单糖。这一过程的副产物是氧分子，大量的氧分子聚集在大气中，比岩石中的氧分子的数量要多得多。不过，从太空中却很难——如果不是不可能的话——认识到这一点。

至于另一种气体甲烷，它产自某些反应过程，在热力平衡中得以存续，否则会在与氧气结合生成水和二氧化碳的过程中逐渐消散。如今大气中之所以还存在含量不可忽略的甲烷气体，“源头”当属各种甲烷细菌，它们生活在反刍动物体内、沼泽地里以及地壳当中。当然，这还没有算上工业生产活动中燃烧化石燃料时产生的甲烷。值得一提的是，这一点与 40 多年前相比，差别也是非常明显的，大气中的甲烷含量自 1750 年以来增加了 150%，与当年“伽利略号”的观测数据相比增加了 20%。这非常令人担忧，因为甲烷是一种温室气体，它的温室效应约为二氧化碳的 25 倍。不过，前面的想法在这里依然成立，不登陆到地球上的话，就无法识别出大气中甲烷的来源。不管怎么说，抛开那些我们想要勾勒出的更新内容，卡尔 · 萨根这一实验的伟大功绩在于开始对生命迹象进行识别，也就是一颗行星上有生命的证据。地球是最合适的主体，因为那上面一定存在生命。

拓展阅读
卡尔·萨根

在这一章中我们已经多次提到他，在后面的内容中我们还会见到他的名字。卡尔·萨根（1934—1996年）不仅仅是一名天文学家、科普学者以及科幻文学作者，更是被称为天文学“圣父”。想想看，他曾推测出土卫六（土星最大的自然卫星）上存在大片的液态区域以及该星周围红色雾霾的成分，而这些被“卡西尼-惠更斯”任务予以证实时已经是2005年了。萨根还是最早猜测欧罗巴（木卫二）冰川下存在液体洋流的科学家。此外，他还与同事埃德温·欧内斯特·萨尔皮特一道推测，金星大气中存在生态系统，其中有四种生物体：能够生活在各气层中的初级光合自养微生物；体型略大一点的自养或异养微生物，它们能够自主保持体内气压，从而飘浮在金星大气中；以其他有机体为食的生物；生活在温度较高气层、以其他生物体代谢产物为食的生物。他执导的十三集纪录片《宇宙》先后在60个国家播放，观看人数超过5亿人次。1978年，萨根凭借《伊甸园之龙：关于人类智慧进化的猜想》一书获得普利策奖。

上图 卡尔·萨根，被称为天文学“圣父”。图片来源：美国国家航空航天局。

月球荒漠

在尼尔·阿姆斯特朗拍摄的这张照片中，阿波罗11号任务宇航员之一巴兹·奥尔德林正在月球表面开展一些实验。尽管对月球的观测是在外太空中进行的，但是“伽利略号”仍然能够清晰地展示出月球表面既没有生命迹象，也没有液态水。图片来源：美国国家航空航天局。

NASA

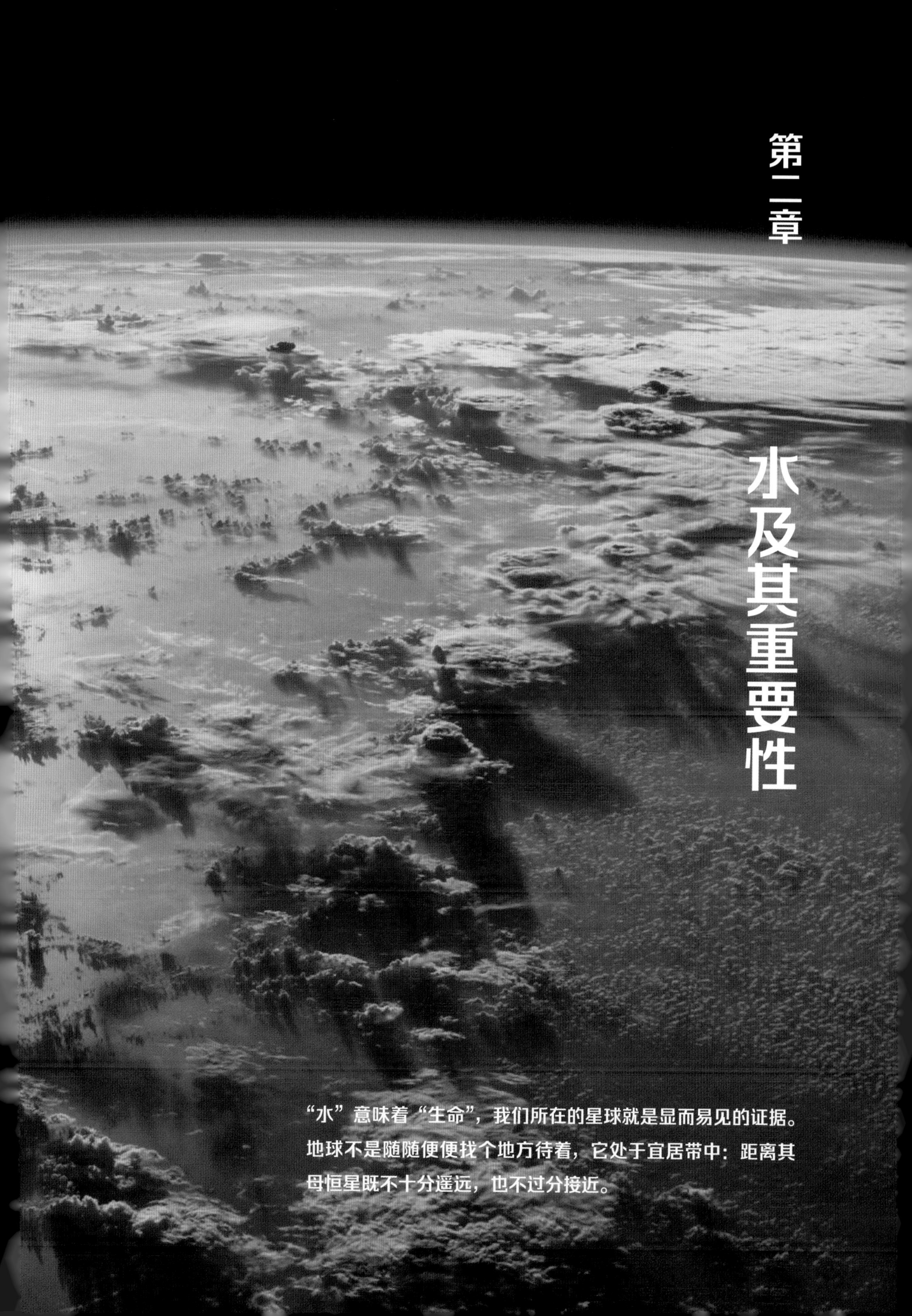

第二章

水及其重要性

“水”意味着“生命”，我们所在的星球就是显而易见的证据。地球不是随随便便找个地方待着，它处于宜居带中：距离其母恒星既不十分遥远，也不过分接近。

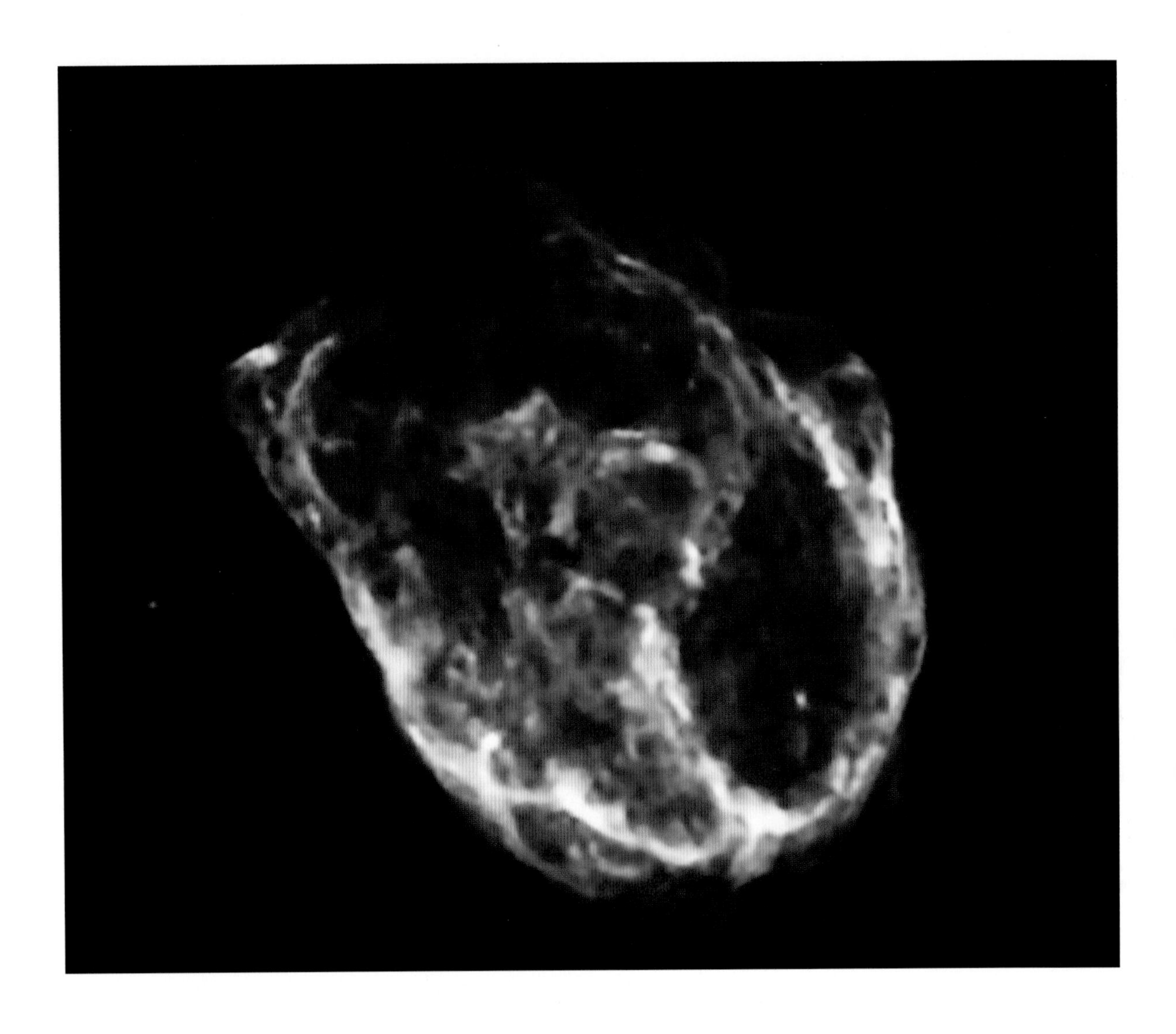

上图 N132D 是大麦哲伦星云中一处超新星遗迹，距地球约 160000 光年。在其中检测到了氧，中心绿色区域含量尤高。图片来源：美国国家航空航天局 / 钱德拉 X 射线天文台 / 北卡罗来纳州立大学 /K. J. 博尔科夫斯基等人。

前页图 太平洋的水反射阳光，由国际空间站拍摄。图片来源：美国国家航空航天局。

从太空看过去，立刻就会发现地球表面大部分由洋流覆盖。的确，地球表面约 71%（略多于 2/3）被水覆盖，并反射出蓝光，使得地球成为我们前文提到的“暗淡蓝点”。遍布地球的水分子具有一系列特性，如同我们接下来会读到的那样，这些特性使其对目前已知的各类独特生命——地球生命——至关重要。

水（H_2O）由氢与氧构成，这是宇宙中最常见的两种元素。氢原子由一颗质子和一颗电子构成，它是最先形成的原子，并且在短时间内就成了宇宙中数量最多的原子。大爆炸后“仅仅”过了约 370000 年，在宇宙学家称之为“再复合”的那段时间里，一团由质子、电子和光子构成的稠密等离子体开始膨胀和冷却，其中出现了第一批氢原子，这些氢原子最终聚集成一个个巨大的云团。而后，这些云团由于自身重量而发生坍缩，与此同时其内部温度则变得足够高，从而发生热核反应，如今恒星中依然在发生这种反应。于是，宇宙中最初的星球就这样诞生了。在这一连串反应中，“CNO （碳－氮－氧）循环”和“三 α 过程”[①]会产生氧，这也是宇宙中含量第三多的元素（第二名是氦）。之后，当体格最大的恒星寿命即将终结时，它们会变成同心球结构，质量最小的元素位于最外层，越往中心元素质量则越大。质量超过太阳八倍的恒星消亡时一般会发生超新星爆发，之前所有构成该星体的

① 三 α 过程指三个氦原子核（也叫作 α 粒子）结合成为一个碳核的核合成过程。

月球上的水

从地球表面去探索太空以及其他星球上是否存在水分子并非易事，因为地球大气层中的水蒸气含量不仅能够阻挡某些波长的光线到达地表，同时还会产生信号干扰，影响收集数据的准确性。所以，为了能够进行更为有效的观测，就需要借助望远镜，这些望远镜或是绕既定轨道飞行，或是被安装在飞机上，在距离地表 12 千米的上空进行观测。同温层红外线天文台（Stratospheric Observatory for Infrared Astronomy，缩写为 SOFIA）就是一个例子，由美国国家航空航天局从一架波音 747 改装而来，最近，它观测到月球正面西南部的克拉维斯环形山中有水分子存在。

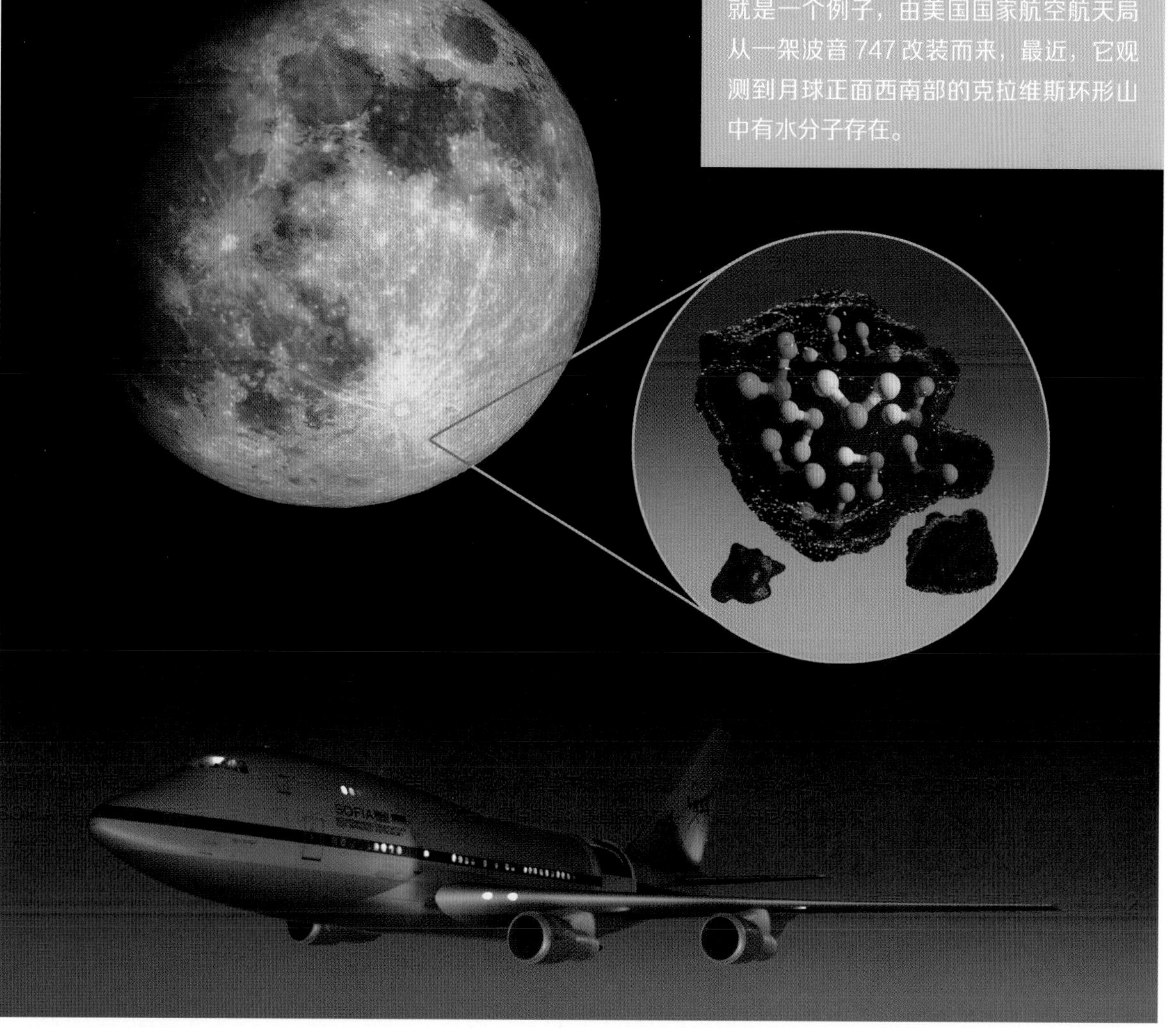

上图　在月球克拉维斯环形山中发现了一处微小的水洼，水量极少（相当于撒哈拉沙漠中水含量的百分之一）。这一发现归功于 SOFIA 上的一项装置，SOFIA 是美国国家航空航天局由一架飞机改装而成的飞行天文台。图片来源：美国国家航空航天局 / 丹尼尔 · 鲁特尔。

元素会被重新释放到太空中。

由此看来，构成水的化学元素遍布宇宙的每一个角落，而且生成水这一化合物的过程也能够得到能量支持，因为水的合成是一个释放能量的过程。或者应当说，水合成是释放较多能量的化学反应之一。所以，放眼整个宇宙，从彗星到小行星，从行星到它们各自的卫星，甚至是在初生的恒星附近，都能发现水分子，这其实不足为奇。

一种非常特别的分子

水分子究竟有何特别之处呢？首先，它很小，而且还是“极性”的，氢原子和氧原子结合而成的共价键几乎可以使其保持数十亿年的稳定，生成的水分子内部电荷分布是不对称的，因而被描述为“偶极子”，就像是一根微小的小棒，一头是正极，另一头是负极。出于这个原因，水可以被看作一种通用溶剂，因为它比其他任何溶剂都能溶解更多的化合物，特别是当溶质本身由极性分子构成时，例如盐类。最典型的例子就是食盐，又称氯化钠（NaCl），由钠（Na）和氯（Cl）之间的静电引力结合而成，它之所以能够溶解于水中，原因在于水分子会在钠离子周围形成“溶剂化壳层”（在这种情况下水是溶剂，所以也可以叫“水化壳层”），从而将钠离子与氯离子分开。

这一点对于生物也至关重要，因为生物体内大部分组织与体液中含有一定量的盐，能够轻易地溶解

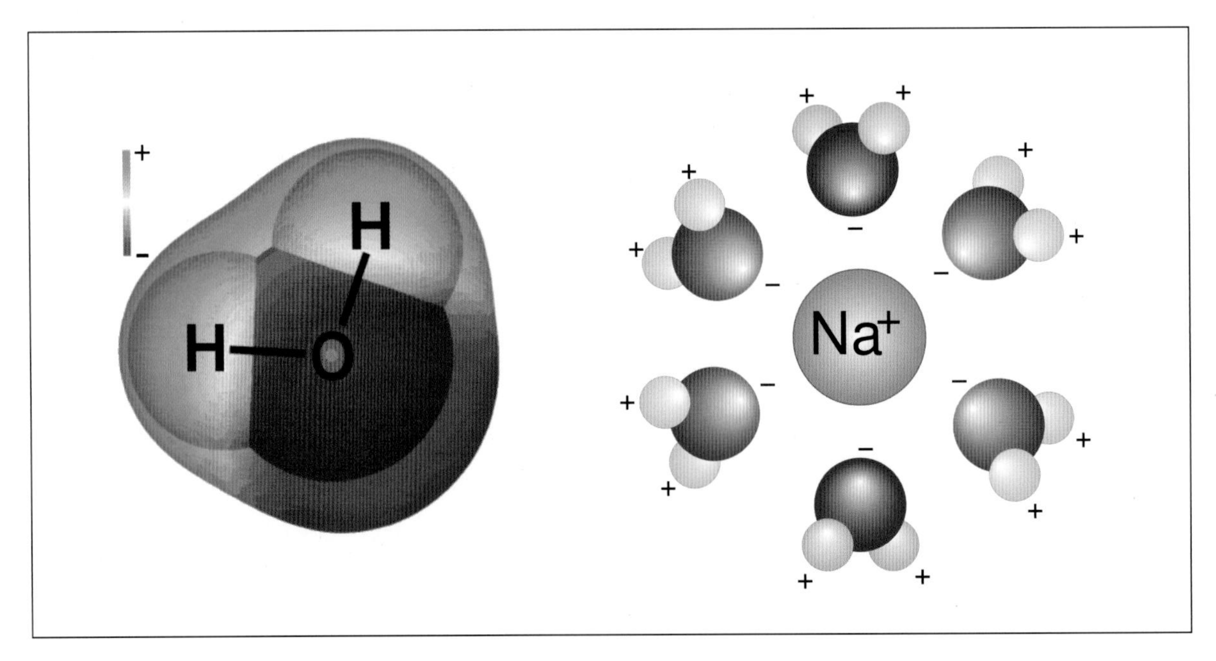

上图　左侧为水分子结构图，以不同颜色标注的不平衡电荷分布使其成为一种极性分子。右侧代表溶剂化层，即水分子形成的一层“云雾”，它们将钠离子团团围住，使其与氯离子分离开来。

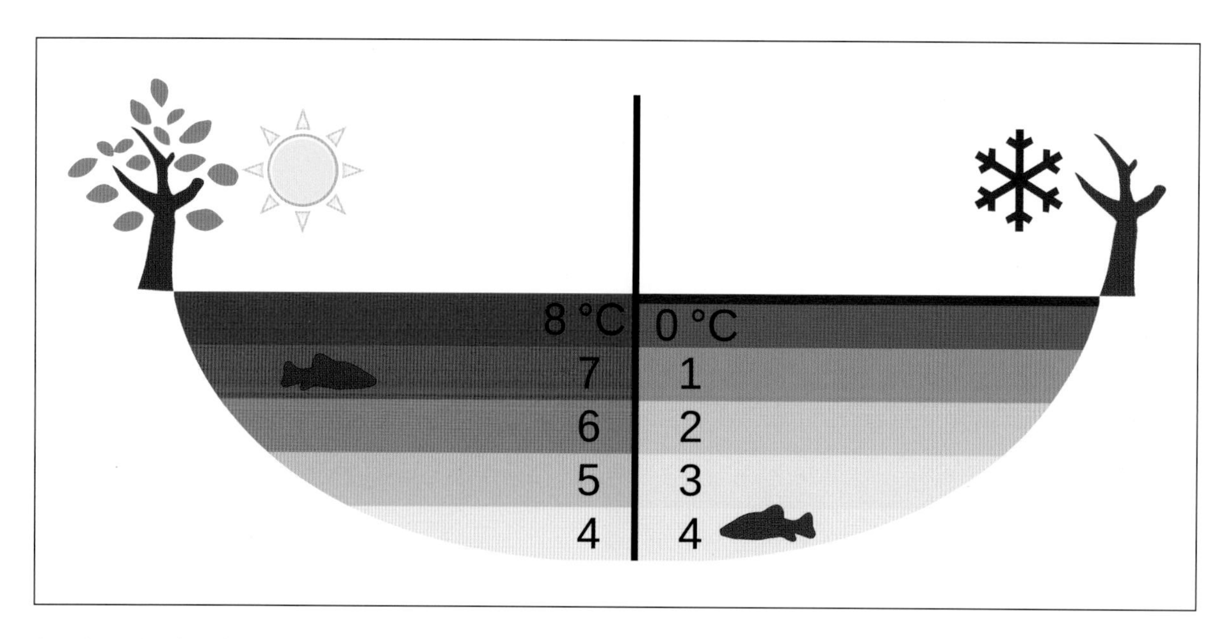

上图　气温适中时（左侧）与冰点温度时（右侧）水温在不同水深的分布示意图。图片来源：Klaus-Dieter Keller (CC BY-SA 3.0)。

于水中。此外，“万物可溶”的特点也使得水成为向生物细胞内输送养分，同时移除其代谢产物的不二选择。

标准地球大气压下，水在一段较大温度变化幅度（0℃至 100℃）内呈液态，与其他重量和结构极其相似的分子有所不同，例如硫化氢（H_2S）和氨气（NH_3）等就是气态；水在结冰时也体现出一项重要物理特性，它在 0℃时结冰，但却在 4℃时密度最大。这就是为什么冰能漂浮在水中。这一点对水生生物极为重要，因为，夏天时水面的温度最高，而到了冬天，水面的水结冰后形成隔挡，此时水越深温度也越高。这样一来，那些海洋生物就总能找到温度适宜的水域得以生存。

此外，水还具有极高的比热容，这使其能够在外界温度发生剧烈变化时予以高效调和。因此，水可谓是一种非常适合各类生命生存的液体，以至于查尔斯 · 罗伯特 · 达尔文[①]的祖父伊拉斯谟斯 · 达尔文[②]成为最早提出生物诞生于水环境的人（他在 1794 年的医学论文《动物生理学》中称其为“有生命的纤维”，认为这是其他一切生命的起源）。

不过，近来确有观点表明最初的化学反应一定发生在水环境中，但并非海洋，因为那里的水太多，会冲散甚至破坏业已形成的化合物。岩石上的一些小水洼倒是极有可能。甚至是像英国剑桥分子生物学实验室生化学家约翰 · 萨瑟兰所认为的那样，如果这些水洼里的水能够处于“填满”（分子可以在其中形成）和“清空”（分子可以聚集在一起）的动态循环中，就更能说明问题。此外，这样一来也能更容

① 查尔斯 · 罗伯特 · 达尔文（Charles Robert Darwin，1809—1882），英国生物学家，生物进化论的奠基人。

② 伊拉斯谟斯 · 达尔文（Erasmus Darwin，1731—1802），英国医学家、诗人、发明家、植物学家与生理学家。他在多门自然科学领域有所贡献，并且在诗作中融入了自然界的事物和早期的演化思想。

上图　伊拉斯谟斯·达尔文肖像。

易地解释生物体中为何会存在一些其他元素，例如钙。

再者，在不断演化的过程中，某种程度上生命体仿佛也会重温这一环境，之所以这样说是因为限制生命体最小构成单元周长的细胞膜，在保证细胞与外界交换物质的同时也营造出了一种水环境，维持生命的化学反应统统在其中进行。

最初的化学反应

第一批分子出现后，地球上发生了什么？这个问题至今依然没有定论。由此也的确发展出了不同理论。比如，有的坚称在那之后最先进行的应当是新陈代谢，还有的则认为出现了包含蛋白质合成信息的分子（RNA）。不过，我们还是跳过这段，直接来看最初的生命体吧。

如果最初的溶剂不是水呢？

起初，地球上出现生命时，水凭借其“可溶万物”的能力应该会摧毁所有刚刚形成的生物分子。于是有人提出，应该是甲酰胺（$HCONH_2$）代替了水，这种分子如今在地球上的含量极低，但却大量存在于星球形成的区域。图西亚大学的拉斐尔·萨拉迪诺在查阅近 20 年来各种相关研究成果时发现，可以通过辐照某些简单化合物获取这种物质，它能够使复杂的分子保持稳定，而其衍生物则可以进入一些复杂分子当中，如 RNA 这一生物细胞蛋白质合成过程的重要参与者。

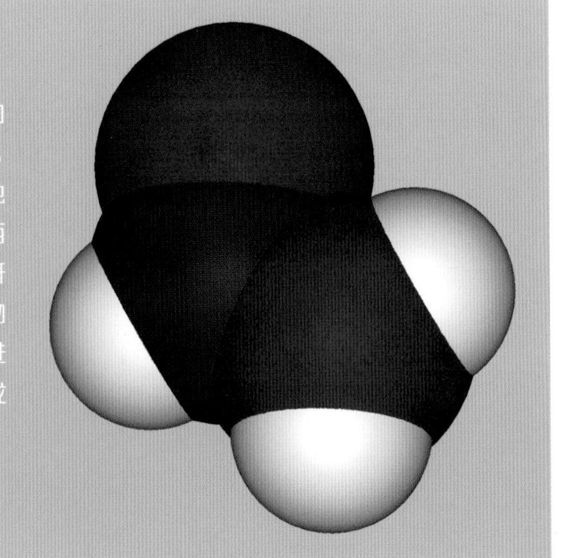

右图：甲酰胺分子结构示意图，红色的为氧原子，黑色的是碳原子，蓝色的是氮原子，白色的为氢原子。

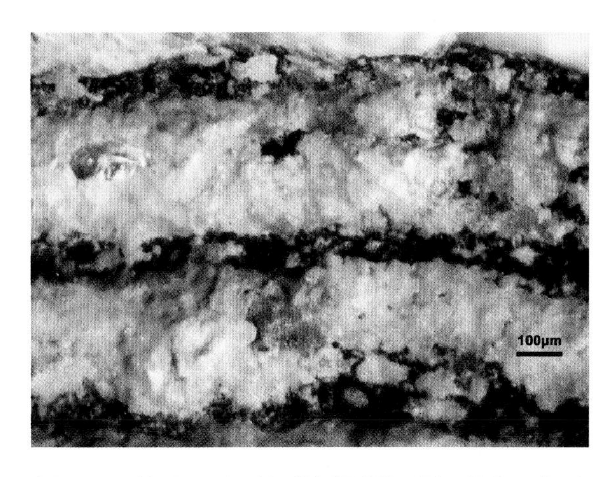

上图　叠层石剖面图，深色区域是微生物聚集处，浅色区域则是一些沉降物质。图片比例尺单位为微米，即千分之一毫米。

最早一批生物分子形成后，它们以一种我们至今还无法确切知晓的方式组成了一个个细胞，从而构建出最早的生命体。我们能够从叠层石中发现它们存在过的痕迹，叠层石由最初的原核（没有细胞核）单细胞微生物和自养微生物堆叠沉积而成（自养的意思就是能够通过光合作用产生自身生存所需的各种养分）。如今，可以见到一些由细菌堆积而成的叠层石，不过像那些在格陵兰岛或澳大利亚发现的叠层石化石，其形成时间则可追溯至距今37亿年或35亿年前。

几乎可以肯定的是，最初的生命体能够利用它们在环境中找到的化合物进行化能合成。这其中发生的反应可能会有：

$6CO_2 + 12H_2S +$ 能量 $\rightarrow C_6H_{12}O_6 + 6H_2O$

即6个二氧化碳分子和12个硫化氢分子（两种物质均能在火山带中发现，那里还有许多叠层石化石）在光能的作用下，能够生成1个葡萄糖分子和6个水分子。如今依然有一些细

拓展阅读
米勒实验

20世纪50年代起至今，科学家们在验证关于地球生命的猜想时都会参考斯坦利·米勒（1930—2007年）的经典实验。米勒师从哈罗德·尤里（1893—1981年），后者因发现氘而获诺贝尔奖，晚年时猜测地球原始大气可能由甲烷、氨和氢气组成。米勒开始着手验证这一猜想，他在一个特殊的实验装置中模拟原始环境，可以随意改变容器中不同气体的比例，以及用电荷模拟的雷电作用。就这样，他得到了不同的简单生物分子，例如甘氨酸 NH_2-CH_2-COOH。

但更为重要的是，米勒向人们展示了采用正确的装置可以验证关于生命起源的相关理论。直至今天，各种各样的实验室都会开展“米勒式”实验模拟系外行星环境，以探索其是否适合孕育生命。

上图　斯坦利·米勒，身旁是他设计的用来检测原始大气组成成分的实验装置

菌利用这种反应生成自身所需的碳水化合物（细菌光合作用）。在一些名为“菌绿素”能够大量吸收近红外光的色素作用下，阳光中的能量得以被利用，为这一反应供能。

之后，在距今 27 亿至 22 亿年前，出现了最初的具有单独细胞核的细胞（真核细胞），到了 20 亿年前则出现了第一批能够进行产氧（即能够产生氧气）光合作用的生命体。典型的例子是下面这一反应，如今依然发生在植物以及其他不同生命体之中：

$$6CO_2 + 6H_2O + \text{能量} \xrightarrow{\text{光和叶绿体}} C_6H_{12}O_6 + 6O_2$$

这一过程中，6 个二氧化碳分子和 6 个水分子在叶绿素的作用下得以分解，其中的元素重新结合，生成葡萄糖并释放出氧气。

在以上两种情况中，产生葡萄糖时所消耗的能量可以在逆反应中得到补偿，并且能够产生 ATP，即三磷酸腺苷，该分子由一个氮基（腺嘌呤基）、一个糖（核糖）和三个磷原子构成。它存在于地球上

左图　土星最大的卫星土卫六上液态烷烃（主要是甲烷和乙烷）形成的湖泊与海洋雷达影像，由“卡西尼－惠更斯号”探测器拍摄。2019 年发表在《天体生物学》上的一项研究表明，太阳系外行星上也更有可能观测到大片的液态烷烃而非水。图片来源：美国国家航空航天局／加州理工学院喷气推进实验室／意大利航天局／美国地质调查局。

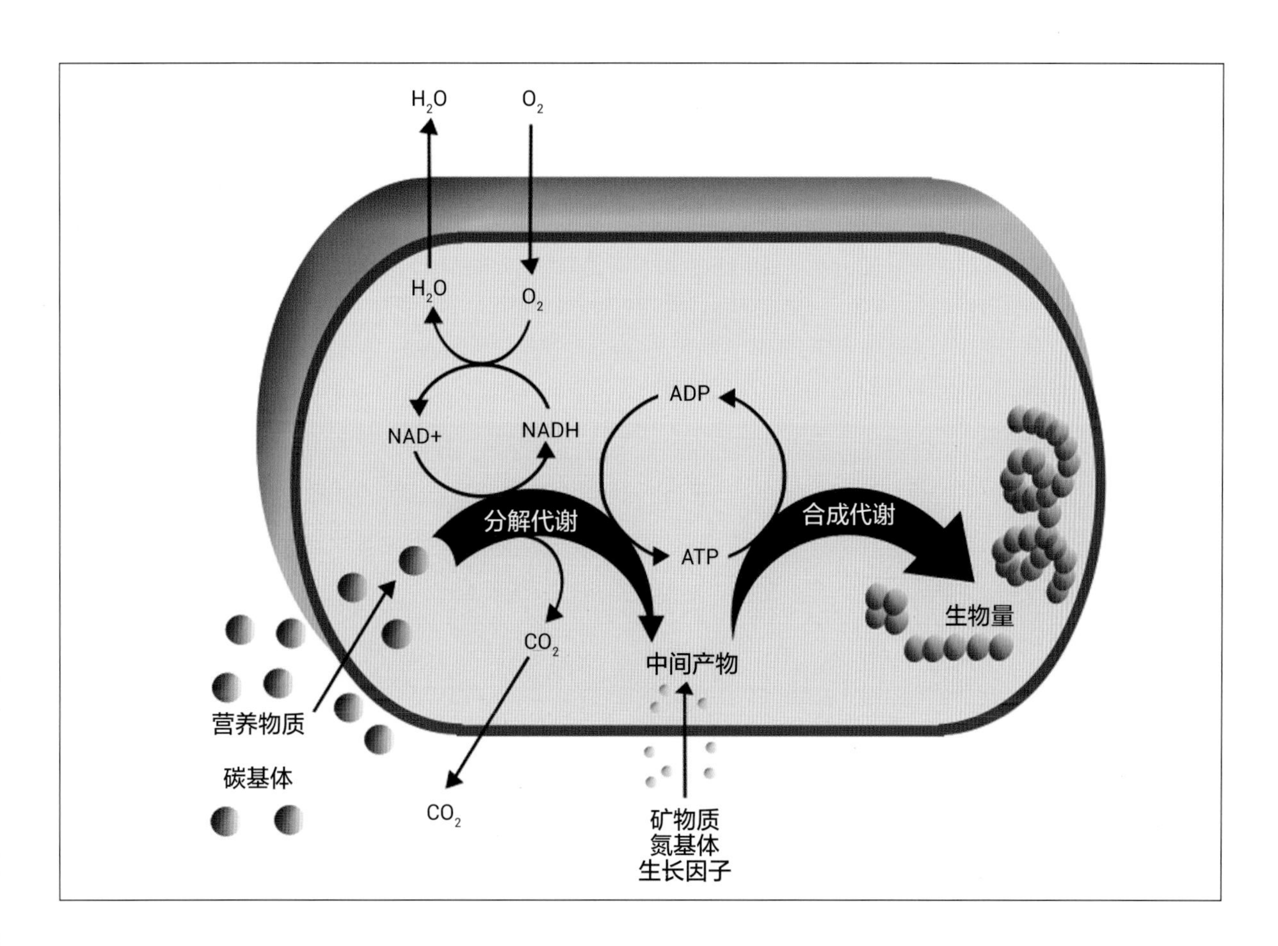

上图　一颗普通好氧（生存在有氧环境中）细胞的代谢示意图，可以看到这一过程吸收氧气（O_2），排放出二氧化碳（CO_2）和水（H_2O）。图片来源： Linares-Pastén (CC BY-SA 4.0)。

所有已知生命体内，具有至关重要的“储能”作用。的确，从肌肉收缩到新分子合成，ATP 参与的是一系列全套生化反应，根据实际需要，释放 1—2 个磷原子提供能量。

因此，从热力学角度讲，生命这一过程是处在不平衡状态中的。例如，生命体从环境中汲取营养物质产生效能与热量，而后排除废物。因此，它们是一个个开放的系统，不可能处于平衡状态。

所有这些反应，结合在一起就是生物的新陈代谢，生命体以这种方式与外界相互作用，从中获取资源并将其转化为能量，再将产生的废物重新释放到所处环境中。

粪土滋养鲜花

而新陈代谢的“废物”，却正是探索地球之外生命迹象的重要参考。

例如，光合作用的生成物之一是氧气，这恰恰是卡尔 · 萨根认为能够向外来探测仪表明地球上存在生命的气体之一。但是在现实中，氧元素对许多生物细胞来说却是有毒的，虽然这些细胞能够生活在含

叶绿素

这是 2020 年 12 月美国国家航空航天局阿卡卫星中等分辨率成像光谱仪（Moderate Resolution Imaging Spectroradiometer，缩写为 MODIS）估测到的地球洋流叶绿素含量分布，这是一项从太空观察地球的国际任务环节之一。洋流中的叶绿素反映出水中浮游藻类的分布情况，这些藻类主要包括蓝藻门细菌以及单细胞藻类，是水中氧气的主要来源，同时也为包括鲸鱼在内的许多海洋生物提供营养。图中颜色最浅处叶绿素的浓度最高。图片来源：美国国家航空航天局地球观测计划，吉恩 · 费尔德曼和诺曼 · 库林。美国国家航空航天局戈达德海洋色彩研究组。

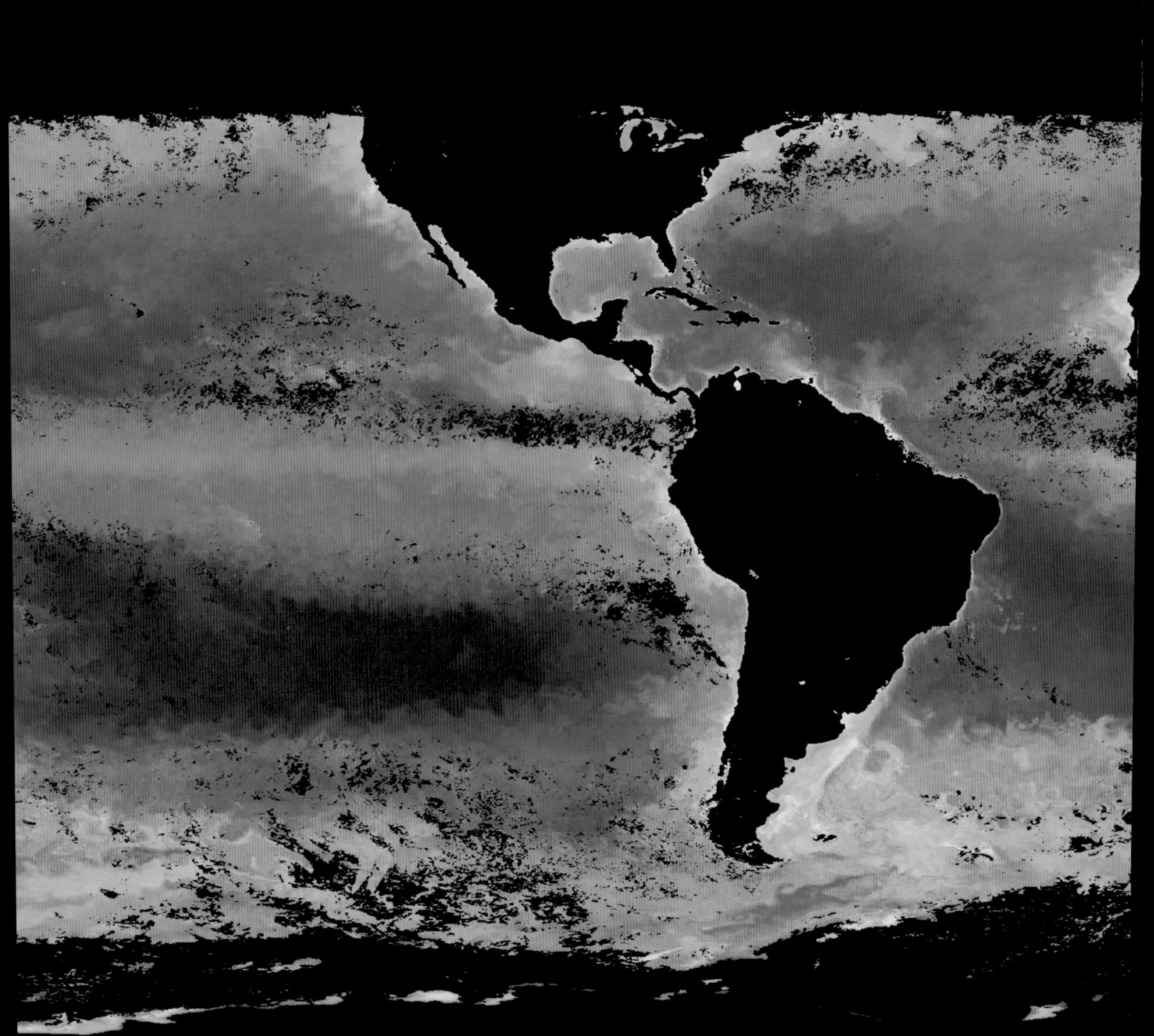

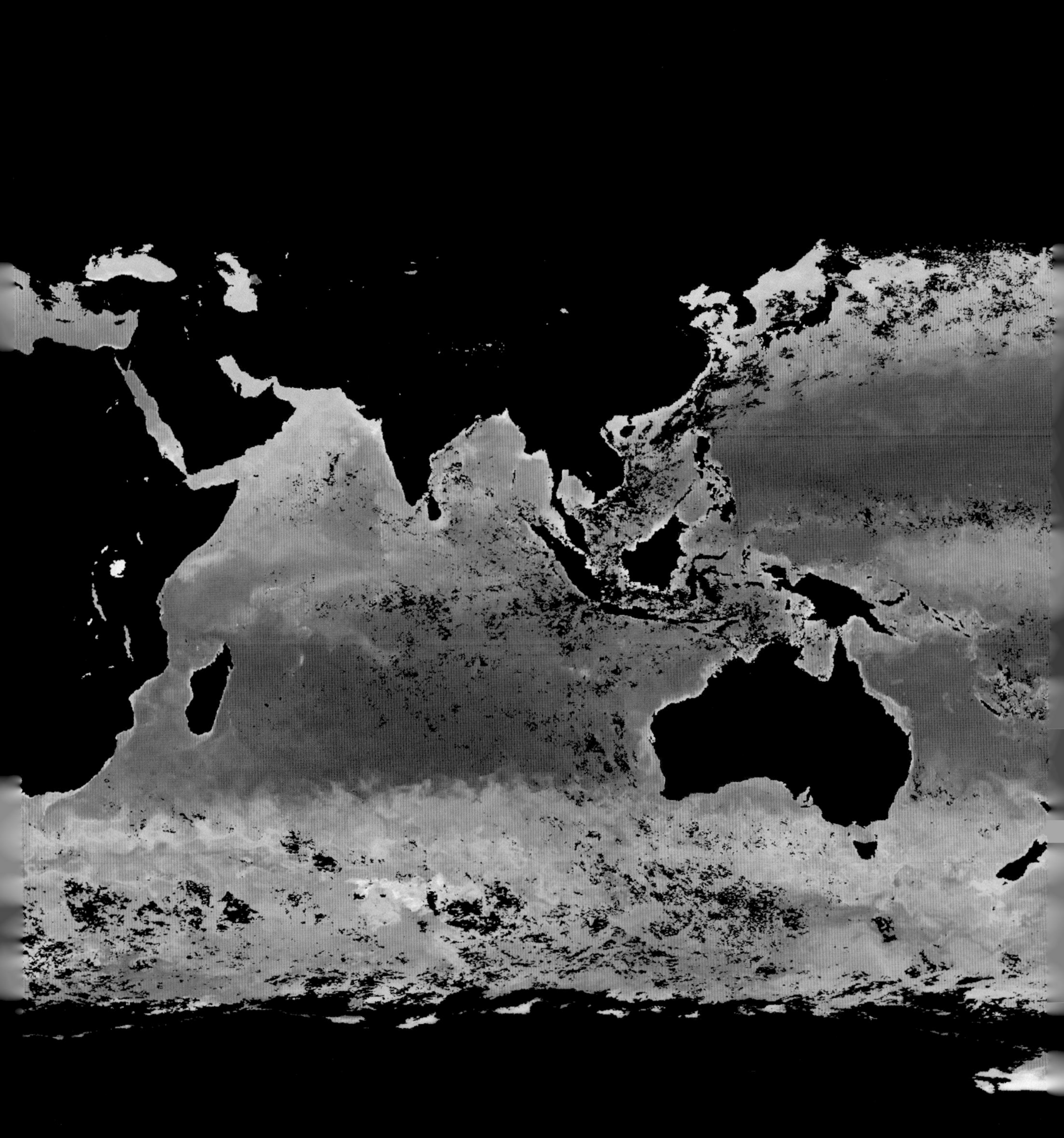

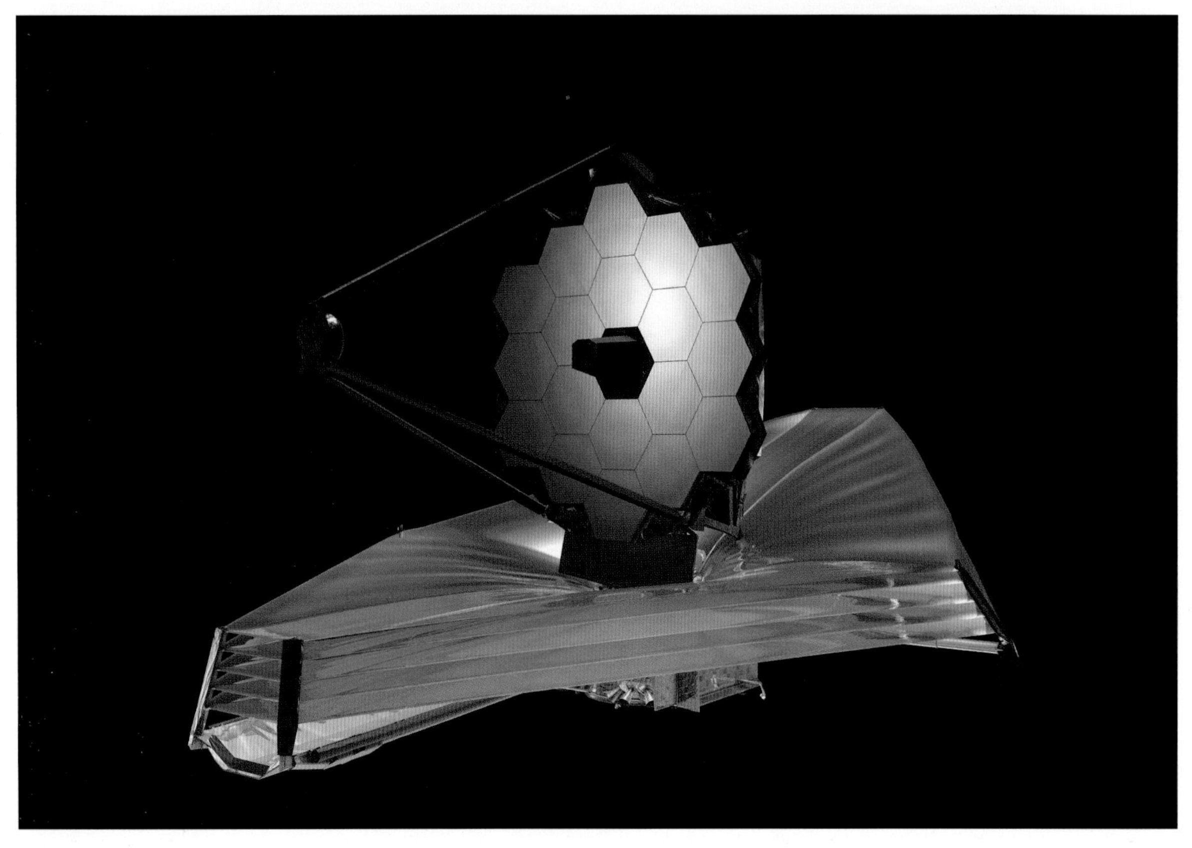

上图　欧洲 ELT 特大望远镜（上）建成效果图与詹姆斯 · 韦布太空望远镜效果图（下）。图片来源：斯威本天文制作公司 / 欧洲南方天文台极大望远镜 – 美国国家航空航天局（詹姆斯 · 韦布太空望远镜）。

氧环境中，却无法抵御过高浓度的氧气。

这样看来，“伽利略号”探测器在地球大气层中检测出的另一种气体——甲烷——就更加值得关注了，因为地球上的甲烷主要都是从产甲烷菌的典型反应，即 $CO_2 + 4H_2 \rightarrow CH_4 + 2H_2O$ 中产生的，这些细菌用这种方式释放能量，并且在之后将其储存在 ATP 中。

然而，还可以在太阳系乃至系外其他星球及其卫星的大气中寻找这些气体。例如，智利阿塔卡马沙漠赛罗阿玛逊斯山上在建的特大望远镜（Extremely Large Telescope，缩写为 ELT）摄谱仪，以及詹姆斯·韦布太空望远镜上安装的检测装置都将开展此项工作。

宜居带

一个不可忽视的现象是，在前面提到的 3 个反应中都能发现水的身影，它或是作为反应物（叶绿素光合作用中），或是作为生成物（化能合成与产甲烷反应中）出现。这也是水之所以如此特别的另一个特点，即它会作为反应物或是生成物参与各种重要的生化反应。此外，由于这些反应实际上总是在有水的环境中进行的，在这一珍贵液体的帮助下，生成物得以被分配和输送到生物体所需的任何部位乃至细胞膜内外。

地球的每一个角落，哪怕是干旱无比的沙漠，都有水的存在，由此也充分体现出地球是有能力孕育生命的。

那么，以地球作为参照的话，判断某种天体具备生命存在条件的一项重要标准就是：该星球表面的气候条件允许液态水存在，或者至少曾经在相当长的一段时间里允许过液态水存在，从而使生命有孕育和演化的时间。

如果用天文学概念来解释，就意味着我们要寻找的天体不能距其所在星系中的恒星太近（那样的话水分会被烤干）；但也不能太过遥远，以免我们落入在常年覆盖冰川的星球上寻找生命的尴尬境地。自然主义者阿尔弗雷德·拉塞尔·华莱士[①]是较早将“其他星球上的生命”与“星球表面存在液态水”两个概念联系在一起的人之一，在其著作《人类在宇宙中的位置》中，他断言地球是宇宙中唯一存在生命的地方，因为它是太阳系中唯一表面有液态水的星球。相比之下，天文学家爱德华·沃尔特·蒙德[②]要客观得多，他在 1913 年出版的《行星会是栖居地吗？》一书中计算了行星上要想存在液态水需与其恒星保持的距离边界，得出了“宜居带”的概念。

---

① 阿尔弗雷德·拉塞尔·华莱士（Alfred Russel Wallace，1823—1913），英国博物学者、探险家、地理学家、人类学家和生物学家，以“天择”独立构想演化论而闻名。

② 爱德华·沃尔特·蒙德（Edward Walter Maunder，1851—1928），英格兰天文学家，最著名的学术贡献是他在太阳黑子与太阳磁力周期上的研究中，标示出 1645—1715 年的特殊性，而这个时期即后来以他名字命名的蒙德极小期。

拓展阅读

维京任务

对于地外生命探索而言，很重要的一点是寻找新陈代谢产物，很多时候它们是在甲烷等气体。20 世纪 70 年代首个火星生命探索任务——维京（也称海盗）计划，其中的一系列实验就是基于此理念而开展的。“维京 1 号”和“维京 2 号”两架探测仪的登陆器向机械臂采集的火星土壤样本中添加了用放射性碳标记的营养物质，由此来检测可能的产物。后来在实验中真的检测到了分子转化，但是美国国家航空航天局在将其与另外两个结果无太大说服力的实验进行比对后，还是宣布了火星上没有生命迹象。然而近来对这些数据的重新解读却大大提高了这种可能性，因为最近在火星表层土壤中发现了一些特殊化合物（过氯酸盐），这种物质会破坏有机分子，从而很可能造成前面提到的模糊实验结果。此外，最新一项对原始数据进行的数学分析凸显出一些值得关注的周期性，而当初这些并没有受到重视。

上图　两架维京探测器机械臂采集火星土壤样本时留下的印迹。图片来源：美国国家航空航天局。

上图　智利阿塔卡马沙漠是地球上最为干旱的地方之一。可即便是在这里也生长着超过 500 种植物。令人意想不到的是，在类似厄尔尼诺现象的异常气候条件下，竟然会有花朵绽放。图片来源：Javier Rubilar (CC BY-SA 2.0)。

结合太阳的特点，太阳系中这一地带在 0.85 至 1.5 个天文单位之间，即 0.85 至 1.5 倍地 - 日距离之间；具体数值会根据不同的估算方式而略有变化，不过这已经是一个相当宽松的范围了。行星中完全处于这一地带中的只有地球，火星处在这一地带的外边缘，而金星则距离其内边缘还差了一点儿。

除了表面存在大量液态水之外，地球上当然还存在生命。而火星呢，很久以前它的环境条件肯定要优于现在，不过目前那里的大气却太过稀薄，更何况火星上还曾暴发过一场大洪水，在那之后，其表面上的水就完全消失了，就算是有生命在那场浩劫中死里逃生，如今也应当只能栖身于地表之下。至于金星，目前其表面平均温度约为 464℃，大气压强是地球大气压强的 90 倍有余，而且还被一层厚厚的酸雨云团所包裹，这样的环境条件是不可能允许有生命存在的。

不过，所谓的宜居带，也不过只是根据某一行星系统中恒星的相关特点划分出的一段距离，处在这段距离内的行星能够接收到适量的照射，从而能够保证其表面存在液态水。因此，这一概念作为指导意见还是十分粗糙的。太阳系当中有许多行星虽然远离这一地带，但也具备一些适宜生命存在的特征。例

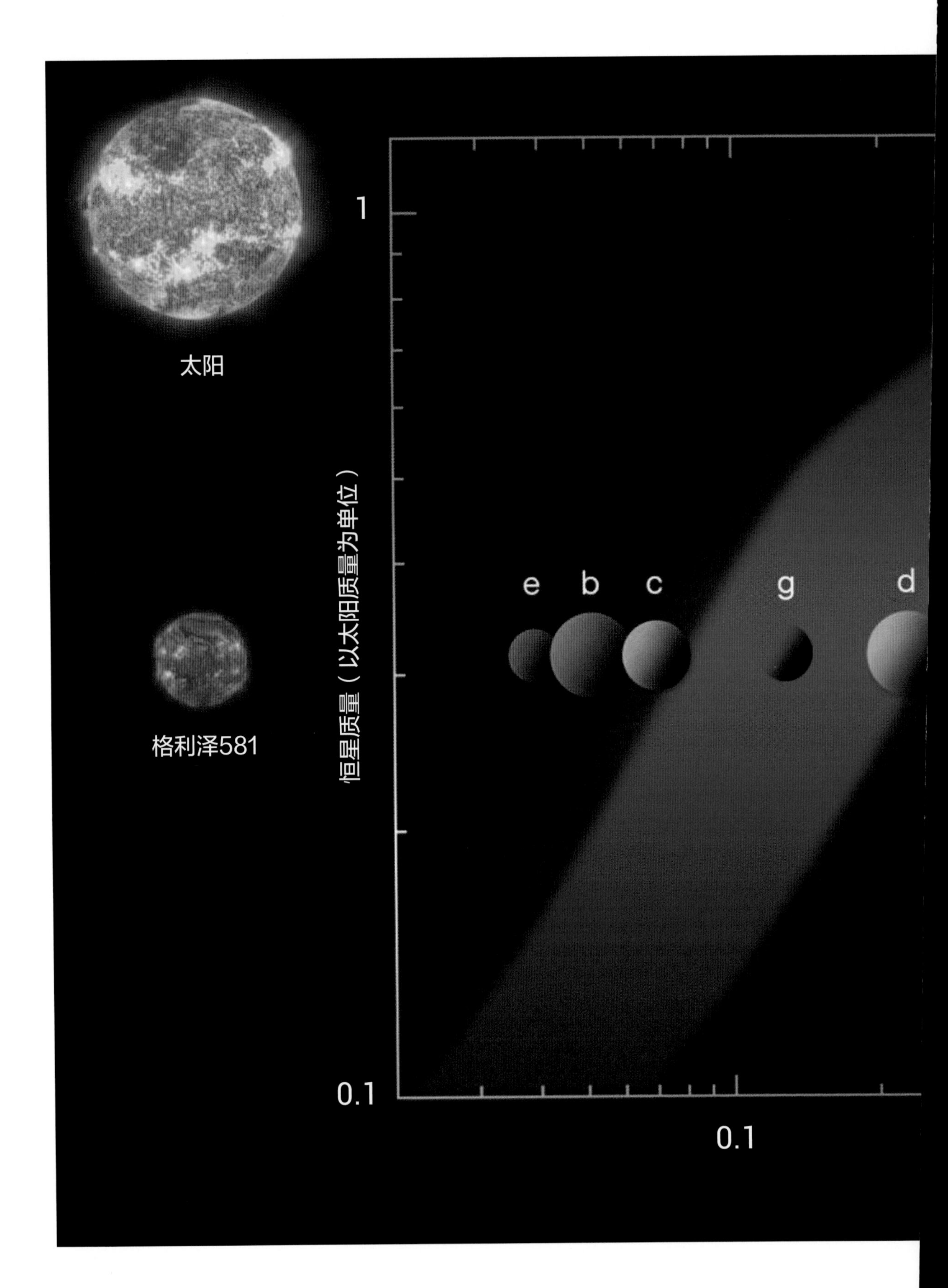
太阳
格利泽581
恒星质量（以太阳质量为单位）
1
0.1
e
b
c
g
d
0.1

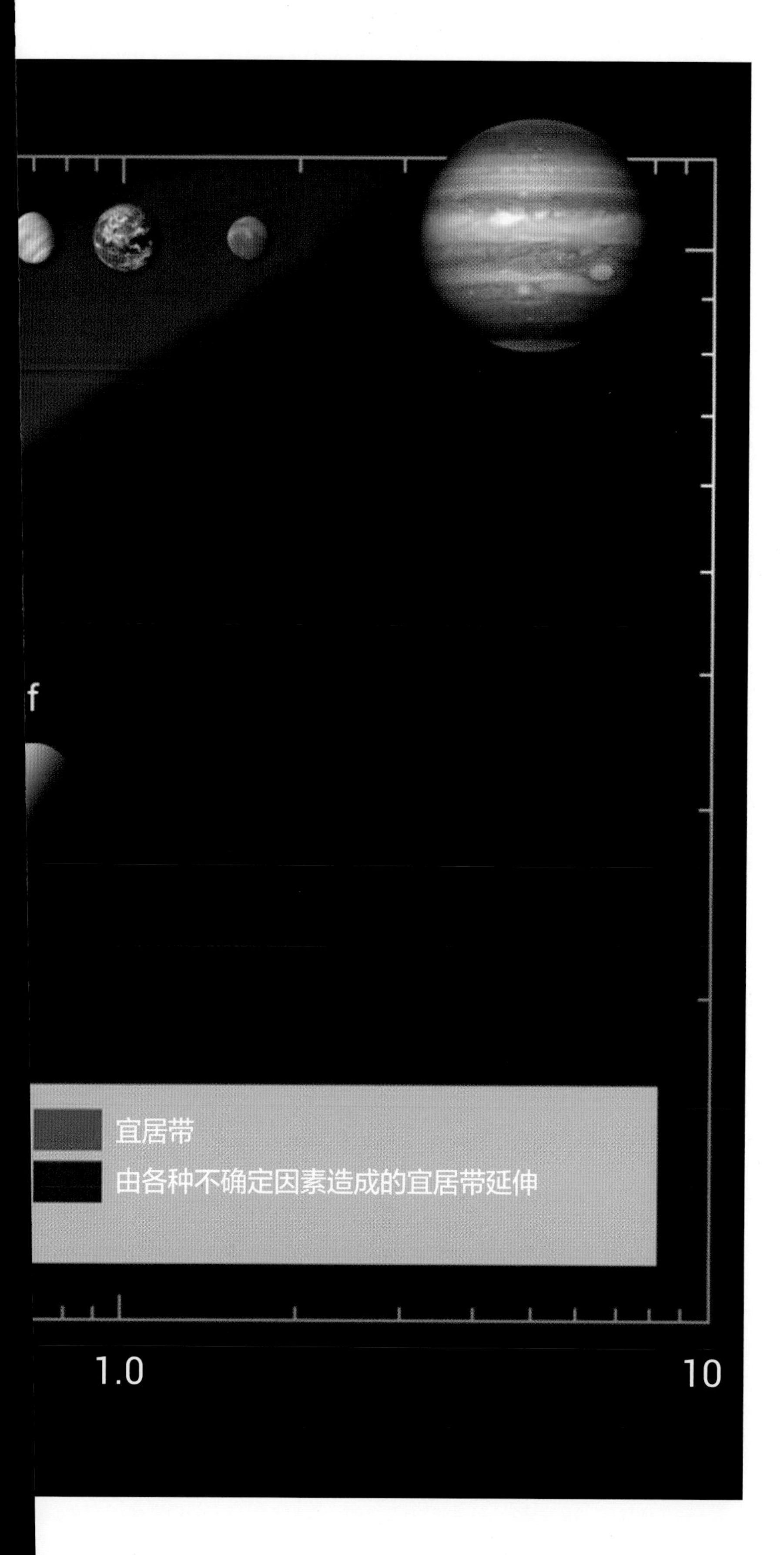

如，木星的主要卫星之一木卫二表面被冰川覆盖，但在冰川之下却涌动着大量的液态咸水；木星的另外两颗卫星木卫三和木卫四也很有可能同属此类。同样，在土星的卫星土卫二南极附近还出现了“喷泉”景象，这很可能就是地下洋流形成的。所有这些卫星都有一个共同特点，就是距离它们所围绕的行星比较近，星体之间的引力使得隐藏在这些卫星表面下的洋流得以保持液态。总之，要评估某个天体的宜居性，需要考虑到各种环环相扣的衡量标准。

左图　太阳系宜居带与红矮星格利泽 581 星系适居带对比图。格利泽 581 的辐射强度不及太阳，这也使其宜居带更加靠近该恒星本身。图片来源：亨利库斯。

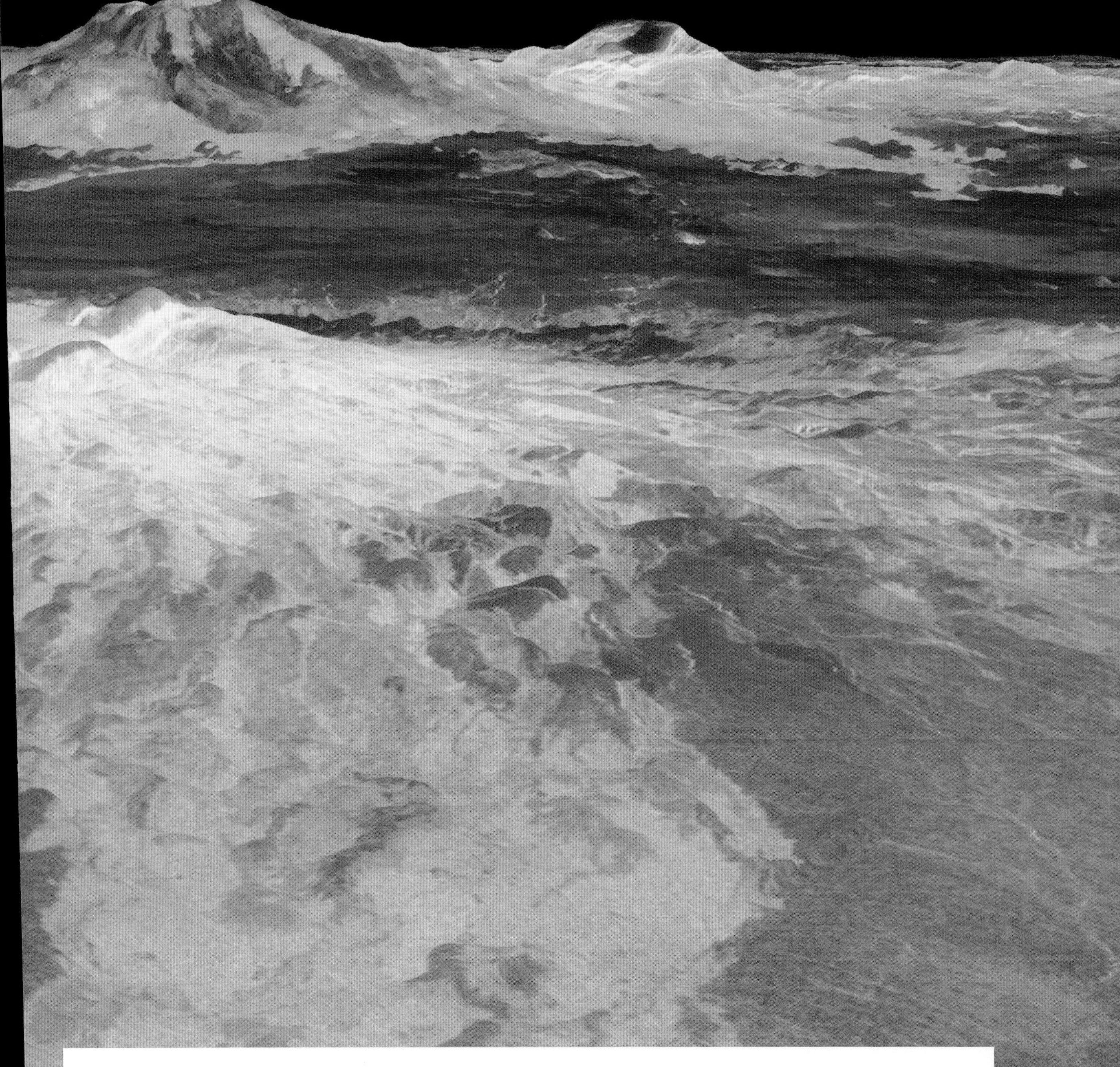

金星上有生命吗？

2020 年，金星大气高纬度层中发现磷化氢（PH_3）的消息引起了极大轰动。这的确算得上是一个生命存在的证据，尤其考虑到这种物质是极度厌氧菌的代谢产物之一——这些细菌有可能悬浮在金星厚厚的大气层中生活。

实际上，这一探测结果并非最新发现，在 1978 年“先驱者 13 号”探测器就已经发现过类似的信号。不过，前不久华盛顿大学的一项研究表明，“先驱者 13 号”检测到的其实是二氧化硫（SO_2），来源为无机物。总之，金星表面应该是没有磷化氢的。本图为金星表面环境模拟图。图片来源：美国国家航空航天局 / 加州理工学院喷气推进实验室。

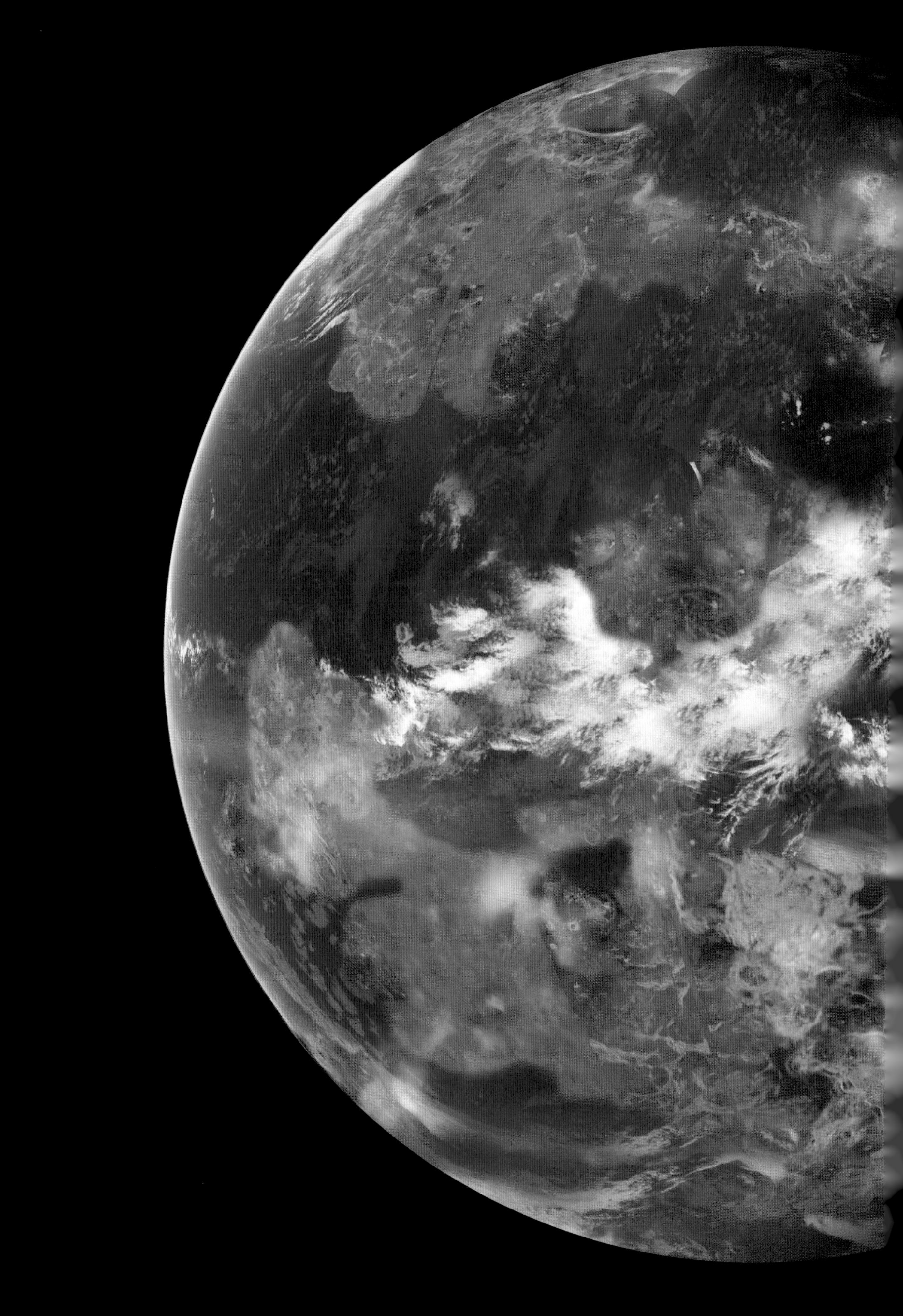

第三章

金星，火星……哪里会有生命？

金星和火星上有生命吗？早在太空时代开启时，科学家们就有了这样的疑问。从那时起，人们朝这两颗星——尤其是火星——发射了一系列探测器，从而发现，至少在遥远的过去，这颗红色行星其实很像地球，比现在要像得多。

上图　太阳系中的四颗岩质行星，与太阳间的距离从近到远依次为：水星、金星、地球和火星。金星自转一周（而且是逆向旋转）的时间约为 243 个地球日，质量约为地球的 0.8 倍，其地表特征与我们的地球也有很大不同。火星质量约为地球的十分之一，一个火星日仅比地球日长约 40 分钟。水星是太阳系最小的行星，质量约为地球的百分之五，自转一周时长约为 58 个地球日，绕太阳公转一周则需 88 个地球日。图片来源：美国国家航空航天局 / 约翰霍普金斯大学应用物理实验室（水星）；美国国家航空航天局 / 加州理工学院喷气推进实验室（金星）；美国国家航空航天局 / 阿波罗 17 号航天员组（地球）；欧洲航天局 / 马克斯普朗克天文学研究所 / 柏林自由大学 / 法国国家天文学和物理学研究所 / 意大利国家天文学研究所 / 西班牙国际天文中心 / 马德里理工大学 / 德国宇航中心 / 美国阿利桑那州立大学（火星）。

前页图　金星曾经的外观效果图，上面有海洋与陆地，大气层也远不如现在稠密。图片来源：美国国家航空航天局。

1957 年，太空时代开启，此时技术已经成熟到可以开展近距离探索星球的程度；在此之前，太空观察只能借助望远镜进行，有时望远镜还需要被安装到其他工具上，用以研究观察对象的化学成分。此外，当时还发现了金星与火星处于太阳系宜居带的相关证据（几年后才以行星离太阳的距离划定了其范围）。于是，人们开始设计各种各样的探测器，让它们在这两颗离我们最近的行星上空飞行，并且希望它们有朝一日能降落在这些星球的表面。

地球的“孪生星”

右图：打印在纸上的“水手 2 号”探测器传回地球的数据。1962 年末，该探测器首次飞过金星上空。画面背景中的大牌子上记载着这次任务的相关数据。图片来源：美国国家航空航天局 / 加州理工学院喷气推进实验室。

尽管当初并没有针对金星开展具体任务，但是从探索地外生命的角度看，它无疑是希望最大的那颗星。说到底，它毕竟和地球差不多大。此外，金星被一层厚厚的大气裹得严严实实，虽然这使我们无法观察到它的表面，但给想象留出了空间，浓雾之下，会不会是一片鸟语花香？而且，早在 1932 年，人们在金星红外光谱中观察到了二氧化碳的吸收，这也说明金星大气中存在大量的二氧化碳。总之，所有这些都有利于证明金星是地球的“孪生星球”。

MARINER 2
LAUNCH DATE AUGUST 26 1962
LAUNCH TIME 23 53 PDT
POSITION ON JAN 2 1963
AT 11:00 PM PST
RANGE FROM EARTH
53.9 MILLION MI
RANGE FROM VENUS
5.59 MILLION MI
GEOCENTRIC VELOCITY
49,170 MPH
HELIOCENTRIC VELOCITY
89,141 MPH
STATION TRACKING
SO AFRICA
END OF MISSION JAN 2
AT 11:00 PM PST
DISTANCE 53,858,892 MI
DAY 128
MARINER
JAN 2
DEC 25
SUN
VENUS
ENCOUNTER
DEC 14
VENUS
AUG 27
NOV 25
EARTH
AUG 27
OCT 26

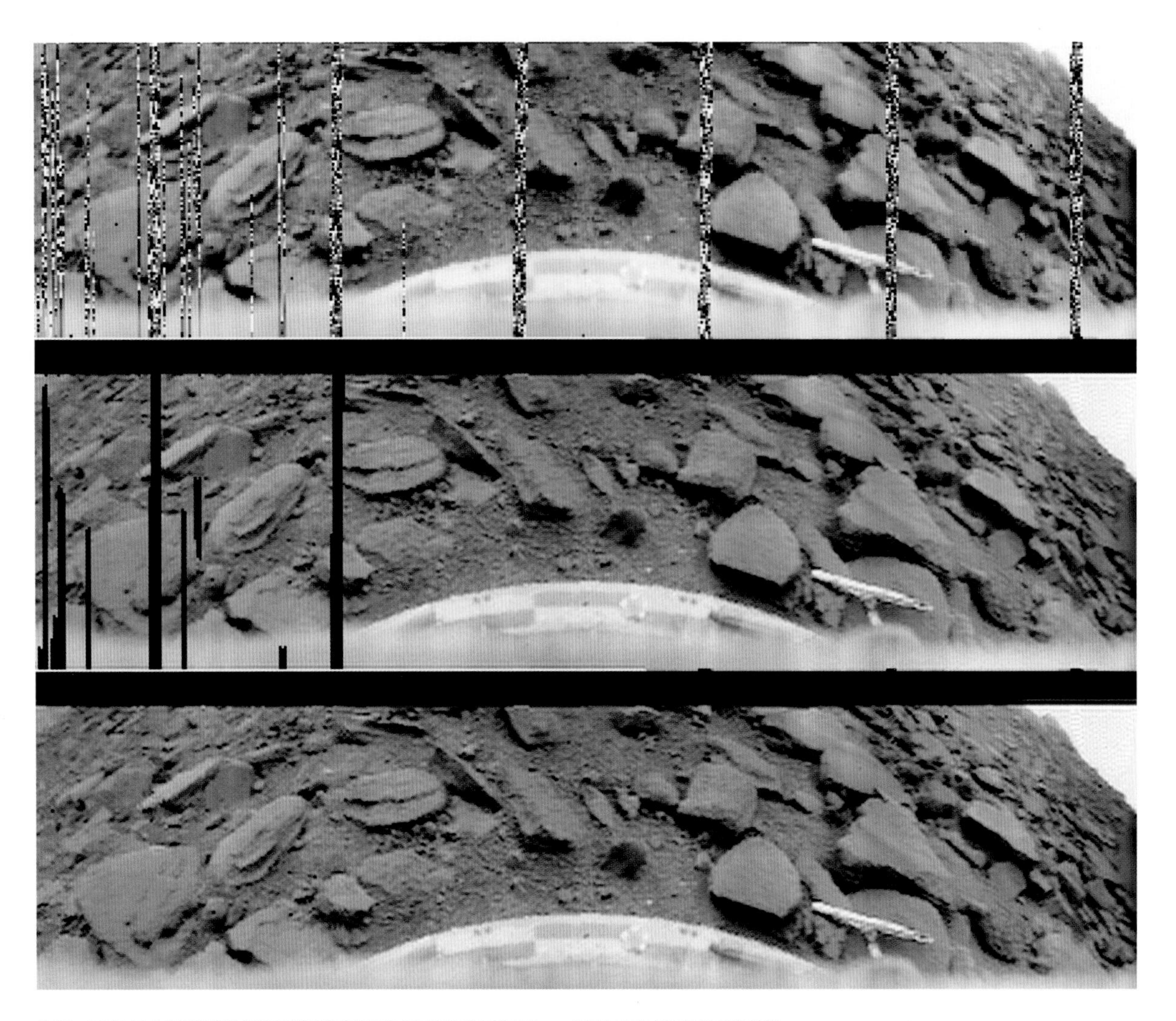

上图　1975 年“金星 9 号”探测器发回地球的首批金星表面全景照片之一，图中画面处于不同的修复阶段。

1961 年，苏联科学家们用“金星计划”[①] 率先开启了对太空其他星球的探索，以至于最近俄罗斯联邦航天局局长德米特里·罗戈津在一场讲话中表示，金星是“俄罗斯的星球”。不过，第一架探测器“金星 1 号”却最终因故障在太空中失联。1962 年 12 月 14 日，美国的“水手 2 号”探测器从距离金星表面约 35000 千米的上空掠过，并收集到一些数据，首次实现了地球探测器飞越其他天体。

不过，最先把探测器发射到其他星球表面的却是苏联人——虽然并不是软着陆。1966 年 3 月 1 日，“金星 3 号”直接“砸”到了金星上。而且，它也没能向地球传回任何信息，因为上面装载的仪器在穿过金星大气层后已全部损坏。不过，1967 年“金星 4 号”却在进入金星大气时传回了有关数据。至

① 金星计划是 1961—1984 年苏联为收集有关金星信息而开发的系列太空探测器，其中 10 架探测器成功降落在金星表面，包括两架维加计划探测器和一架金星 – 哈雷探测器，13 架探测器都成功进入金星大气层。由于金星表面极端的环境，这些探测器只能在地表运行很短时间，一般为 23 分钟到 2 小时不等。

此，人们才意识到，根据之前“水手 2 号”观测数据得出的结论实在是“小看”了这颗行星。探测器在失联之前检测到超过 250℃的高温，而且金星大气中二氧化碳的含量超过了 90%。对金星的探索于 1974 年通过“水手 10 号”继续进行，该探测器传回了一些金星在紫外光下的图像。图像显示，金星外围云团被狂风吹得“团团转”，仅用 4 个地球日就能绕行金星一周。

终于，1975 年，“金星 9 号”和“金星 10 号”两架探测器向地球传回了第一批金星地表黑白照片。照片显示，金星地表一片荒凉，遍布岩石，处在酷热炙烤之中。

至于第一张彩色照片，则等到了 1982 年，由“金星 13 号”和“金星 14 号”拍摄。

然而，最大的问题在于，探测器在登陆金星后往往坚持不了多长时间（最长不过两三个小时，短则几十分钟），这不只是因为金星表面的温度比熔铅还要高，还在于其恐怖的地表大气压，相当于地球大气压的 90 倍有余。因此，考虑到这些可怕的环境条件，之后的探测器在发射之前都要先被放进一个巨大的、有点像高压锅一样的装置中接受压力测试。

不过，从宇宙生物学的角度看，人们已经获得了重要信息，即金星根本不是地球的什么“孪生星”，而是一颗“地狱星球”，受温室效应影响，其表面温度超过 450℃，外部包裹着一团主要成分为二氧化碳的浓厚大气层，亦含有硫酸等有害物质（至少对人类来说），电闪雷鸣更是家常便饭。

当初会不会是另一番景象？

因此，在苏联的金星计划（目前唯一做到了使探测器登陆金星）之后，人们得以明白，金星表面没有生命，也没有水。有意思的是，一开始科学家们不知道金星表面是什么样，是固态还是液态，所以还为探测器设计了类似潜艇的漂浮功能。然而，在确定金星表面没有液态水之后，潜艇技术却依然被保留下来，不是为了继续设计漂浮装置，而是为了抵挡大气压力。

可是，金星之前会不会是另一番景象，真的如同人们想象般美如仙境呢？实际上，确有迹象表明，过去，在导致如此恐怖温度的温室效应出现之前，金星表面是有液态水流动的。2019 年，美国国家航空航天局戈达德太空科学研究所的迈克尔 · 韦和安东尼 · 德尔 · 杰尼奥在模拟金星演化时运行的模型场景表明，金星在距今 30 亿年前到 7.5 亿至 7 亿年前的这段时间里，表面可能是有液态水存在的。理论上，这段时间足够某种微生物诞生和演化，并且在灾难爆发并引发温室效应之后迁往 5 万千米处的高空，去到温度适宜的地带。而由此提出的“气生微生物”概念其实并非新鲜事，因为德国物理学家海因茨 · 哈伯和卡尔 · 萨根已经分别在 1950 年和 1963 年提出过相同看法。因此，当初有研究高调宣布金星大气中存在磷化氢时，在科学界引起了轰动；遗憾的是，此举实为操之过急，之后并未得到证实。

向往之地：这颗红色星球

火星的直径大约是地球的一半（太阳系中，只有水星比他小），自古以来因外观呈红色而为人熟知，这是因为其表面存在铁氧化物。“大冲”期间，也就是地球与火星距离最近的时候，火星会变得几乎和金星一样亮，在黑暗的夜空中熠熠生辉。不过，即便是在那时，火星与我们之间仍然有 5500 万至 1 亿千米的距离，因为公转周期约为 687 个地球日的火星，其绕日轨道是一个非常扁平的椭圆形。这样每 15 年到 17 年一次的“大冲”，对于观察火星是非常有利的，因为此时火星处于近日点，即距离太阳最近（同时也距地球最近）的位置。

于是，科学家在观察冲日期间的火星时发现，火星的极地冰冠呈现出季节性变化。而且，这颗行星表面看上去似乎覆盖着一层茂密的植被，大气中则似乎存有云雾。

人类对火星的探索始于 1960 年，苏联率先向这颗红色星球发射了一系列探测器，可是最先取得成

左图 “金星7号”探测器的登陆器，其构造能承受住金星表面巨大的气压。图片来源：Stanislav Kozlovskiy (CC BY-SA 4.0)。

1979 年“先驱者号”金星轨道器紫外线成像仪拍摄到的金星图片。金星表面看上去完全被云雾包裹。图片来源：美国国家航空航天局。

拓展阅读

火星沟渠

1877 年火星“大冲”期间，时任布雷拉天文台主任的意大利天文学家乔瓦尼 · 夏帕雷利将欧洲当时最先进的望远镜——口径 49 厘米的梅尔兹 - 雷普索德望远镜——对准了火星。他观察到，火星两个极冠的大小会随季节更替而发生改变，而赤道区域好像又覆盖有一大片茂密的植被。他还观察到火星表面有许许多多条线，于是称这些线为“沟渠”（意大利语：Canali）。可是后来这个词却被误译成了英语的 canals 而非更准确的 Channels （Canals 的意思是“人工运河”）。要知道，当时有许多人认为火星上存在生命，他们开凿出一条条运河，将极地处的水引到赤道区域。

在这些人当中，最具代表性的当数美国的帕西瓦尔 · 罗威尔（1855—1916 年），他是一名资深天文学爱好者，在这方面投入了大量的财力物力，乃至出资在亚利桑那州修建了一座天文台，专门用来观察火星上的沟渠（1930 年这里也率先观测到了冥王星）。1909 年，科学家在使用功能更强大的设备对火星进行观测时发现，那些线条实际上只是望远镜镜头下一个又一个阴影区域，这是因为当时的望远设备分辨率还不够高，无法观测细节。所谓的火星沟渠，其实并不存在。

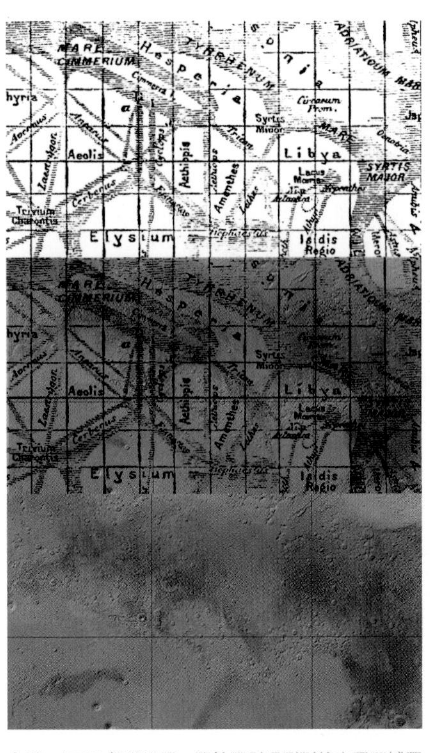

上图　1889 年乔瓦尼 · 夏帕雷利观测到的火星区域图像与现代仪器对同一片区域观测结果的合成图像对比。

功的却是美国。1965 年 7 月 14 至 15 日，“水手 4 号”探测器飞过火星上空，向地球传回了第一张近距离拍摄的火星表面照片。

然而，这张照片却给先前的热情泼了一盆冷水。近距离观察到的火星看上去死气沉沉，根本不适合生命存在。尽管如此，包括卡尔 · 萨根在内的一些梦想家们还是设法使美国国家航空航天局相信，开展

上图 “维京 1 号”和“维京 2 号”探测仪拍摄的首批火星表面彩色图像，两者登陆火星的地点距离超过 6000 千米。“维京 1 号”降落在克律塞平原，这是一片直径约 1500 千米的圆形平原，低于火星大地水平面，之前可能是一片古老湖泊的湖床。“维京 2 号”则落在了广袤无垠的乌托邦平原上，该片区域直径超过 3000 千米，前身可能是一座古老冰川。图片来源：美国国家航空航天局 / 加州理工学院喷气推进实验室。

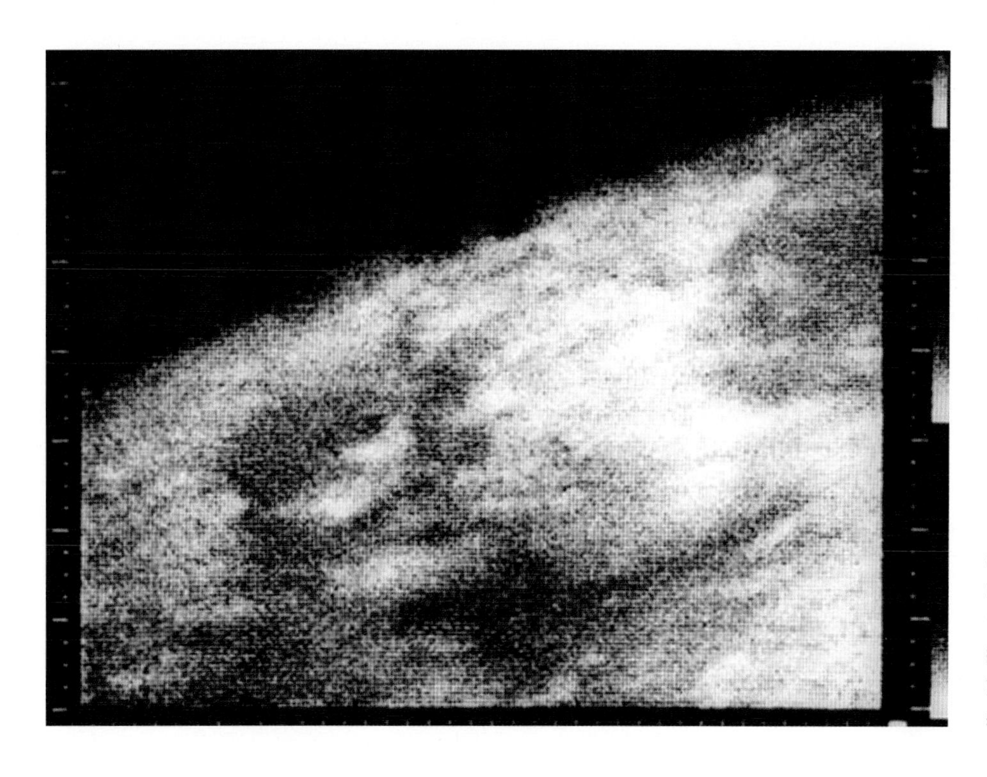

左图 1965 年 7 月 14 日夜晚至 1965 年 7 月 15 日凌晨“水手 4 号”掠过火星上空时拍摄的照片，这也是首张近距离拍摄的地外星球图片。图片来源：美国国家航空航天局。

火星探测项目是有必要的，除了各种测算外，还应当进行一系列实验来探究火星上是否存在生命。就这样，20 世纪 70 年代，“维京计划”应运而生，该计划向火星发射了两架探测器，每架探测器均由一个轨道器（用来分析火星大气，兼有微波通信功能）和一个登陆器（其上载有土壤分析仪器）组成。人们也第一次获得了火星土壤的彩色照片。

上图　2016 年“大冲”期间哈勃望远镜观测到的火星。极地冰冠以及阿拉伯台地（火星赤道附近的一处平原）和惠更斯陨击坑（位于火星东半球赤道下方不远处）等大型地貌结构清晰可见。图片来源：美国国家航空航天局、欧洲航天局、哈勃遗产团队（空间望远镜科学研究所 / 美国天文学研究协会）、J. 贝尔（亚利桑那州立大学）和 M. 沃尔夫（空间科学研究所）。

维京计划中的生物学实验

维京计划的两架登陆器上都载有各种仪器。而且，两架登陆器各有一条长长的机械臂，末端安装有钳状装置，从而能够采集火星土壤样本并进行分析。科学家用采集到的土壤做了四项实验。

● 气相色谱法 - 质谱法联用（GC-MS）实验：采用质谱仪分析土壤样本，检验其是否含有或能释放出有机物质。

● 气体交换实验（GEX）：将土壤样本周围的火星大气替换为氦气，并向其喷洒富含各类有机物与无机物的营养液，定期用气相色谱法检测有无氧气、二氧化碳、氮气、氢气或甲烷等气体释放。

● 标记释放（LR）实验：向土壤样本中加入一滴低浓度营养液，营养物质中的部分碳原子用放射性碳 -14 予以标记，这样一来，如果土壤中有生物体消耗了营养物质并释放出代谢产物，就能够被检测到。

上图 “维京号”探测器模型及其用以采集火星土壤样本的机械臂。图片来源：美国国家航空航天局 / 加州理工学院喷气推进实验室。

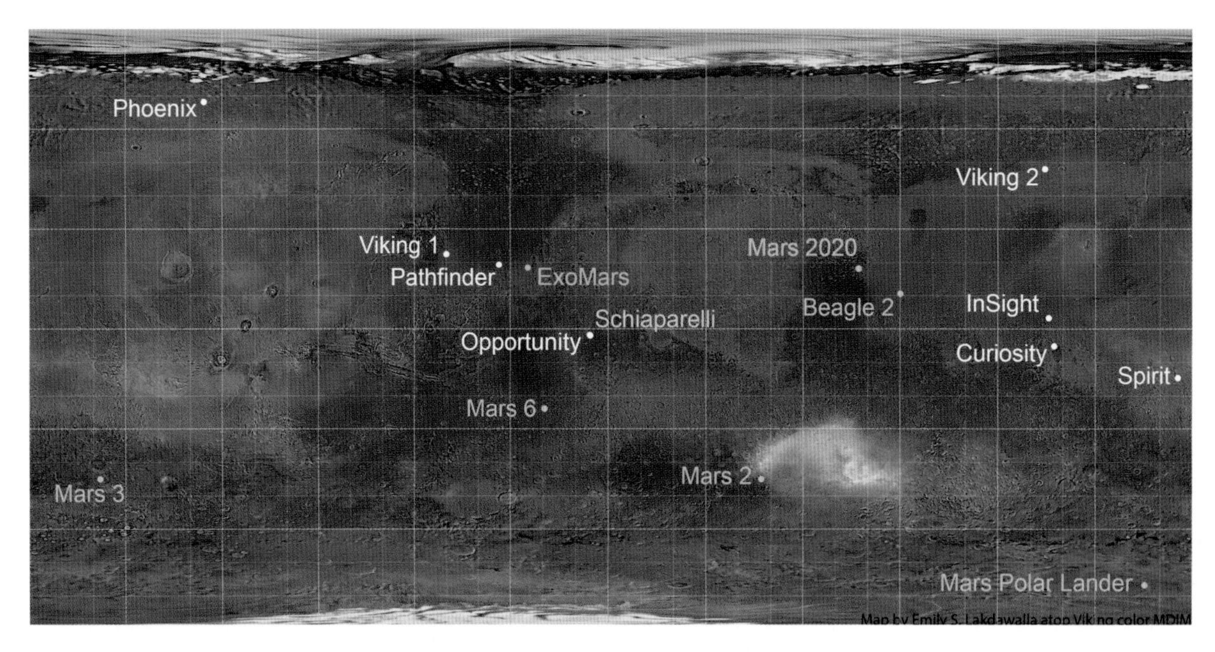

上图　各项火星探索任务着陆点地图。灰色字体代表该任务失败。蓝色标注的是未来将要进行的 ExoMars 任务。图片来源：美国国家航空航天局 / 加州理工学院喷气推进实验室 / 美国地质调查局（图片）；艾米丽 · 拉克道沃拉（地图绘制）。

● 热解释放（PR）实验：向土壤样本中加入水并进行光照，将其置于含一氧化碳（CO）和二氧化碳（CO_2）的模拟火星气体环境中，气体中的碳原子以碳 -14 予以替换。培养数天后，抽空模拟气体，加热土壤样本至 600℃，分析所得产物，以检验样本中是否进行过光合作用。

然而，这些实验的结果却无法说明任何问题，因为在 LR 实验中，两架登陆器分别于岩石背阴处和地表光照处采集了两份土壤样本，结果两份样本中均检出了碳 -14。此外，温度不同，实验结果也不同，将土壤样本在 160℃下加热 3 小时，注入营养液之后不释放放射性气体；而在 50℃下加热 3 小时后，放射性气体释放量则明显减少；将样本在 10℃环境中保存数月，之后再予以加热，检测到的气体释放量也很微弱。这些都与同样检测到气体释放的 GEX 实验结果相一致，但却与 PR 实验的结果相悖，后者并未检测到任何光合作用产物。此外，GC-MS 实验也未能在火星土壤中检测出任何有机分子。如今，这方面的科学认知在不断发展，对这些矛盾结果的研究仍在继续。

例如，2008 年“凤凰号”登陆器发现火星土壤中含有高氯酸盐，即含有高氯酸根（ClO_4^-）的化合物，这些物质在热量作用下能够破坏 PR 实验中的有机物分子。而 GC-MS 实验之所以没有检测到有机分子，原因则在于仪器精度还不够高。此外，这些实验中最大的问题在于两架“维京号”登陆器的机械臂只是从火星表面采集了土壤样本，然而如今我们已经知道，火星上如果存在微生物，它们也很可能生活在更深的土层当中。

总之，面对这些模棱两可的结果，美国国家航空航天局选择了更加保守的态度，索性直接宣布火星上没有生命。也许正因为如此，接下来的十年中仅有过两次火星任务，均由苏联执行（“福布斯 1 号”

到火星上去

火星公转轨道在地球公转轨道之外，公转速度也更慢一些。它与我们之间的距离也一直处在变化之中。因此，在策划前往这颗红色星球的任务时，要利用好“发射窗口”，尽可能抓住我们与火星距离最近时的机会，它出现在每 26 个月左右一次的火星“大冲”期间。比如说，2020 年 7 月，阿联酋、美国国家航空航天局和中国先后向火星发射了探测器，而欧洲航天局则要等到 2022 年再发射自己的“罗莎琳德 · 富兰克林号”火星车（预计发射时间为当年 9 月底）。

火星诅咒

在迄今开展的约 50 项与火星相关的任务中，只有 20 余项取得了成功。因此便有了“火星诅咒”（Mars Curse）的说法。具体说来，要想安然无恙地降落在火星表面，探测器必须要完美调用配备的降落伞和制动火箭装置，因为火星大气稀薄，几乎不会产生任何阻力。制动过程完全由探测器自主完成，因为就算是从地球上发送指令，也需要好几分钟才能够传递到探测器，而这显然是来不及的。从进入火星大气到着陆大约需要 7 分钟，这是最危险的一段时间，美国国家航空航天局称之为“恐怖 7 分钟”。

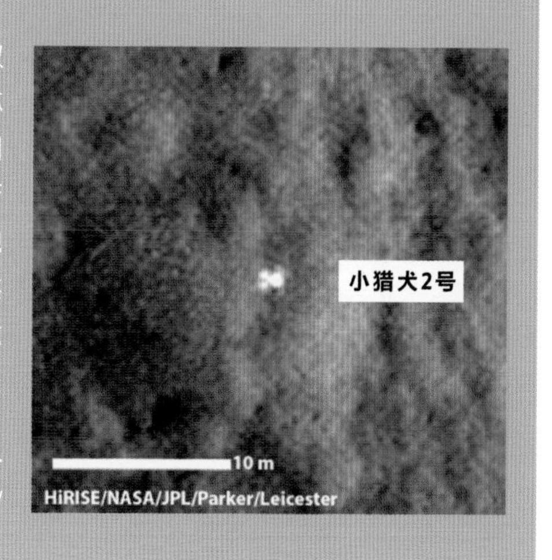

右图：2003 年，“小猎犬 2 号”坠毁在了火星表面；10 年后，火星勘测轨道飞行器的高分辨率摄像机拍摄到了它的残骸。图片来源：高分辨率成像科学实验 / 美国国家航空航天局 / 加州理工学院喷气推进实验室 / 帕克研究所 / 莱斯特研究所。

和“福布斯 2 号”任务，旨在研究火星及其卫星火卫一，前者以失败告终）。

事实上，萨根在加州理工学院喷气推进实验室①工作时的同事詹姆斯 · 洛夫洛克当初已经预料到维京计划会得出令人费解的实验结果（此人之后提出了所谓的“盖亚猜想”，将我们的地球看成一个生物体），他说服萨根相信，要想探明火星上是否有生命，必须要仔细研究火星大气。萨根认同了这一观点，并且在 20 世纪 80 年代末提出了一系列标准，用以确定某颗作为研究对象的星球上是否存在生命。

昨天的水与今天的甲烷

在两架“维京号”探测器得出不确定的结果之后，对火星生命的探索也转变了思路。重要的事情

① 加州理工学院喷气推进实验室（Jet Propulsion Laboratory，常缩写为 JPL）位于美国加利福尼亚州帕萨迪纳，是美国国家航空航天局的一个下属机构，行政上由加州理工学院管理，始建于 1936 年；主要负责为美国国家航空航天局开发和管理无人太空探测任务，同时也负责管理美国国家航空航天局的深空网络。

火星上的湖泊

图中展示的是在科罗廖夫环形山中发现的大型冰湖。方框中的彩色雷达信号在火星南极附近发现了第一片地下咸水湖。图片来源：欧洲航天局 / 德国航空航天中心 / 柏林自由大学，CC BY-SA 3.0 IGO（大图）；美国地质调查局天体地质科学中心、亚利桑那州立大学、意大利国家天文学和物理学研究所（方框图）。

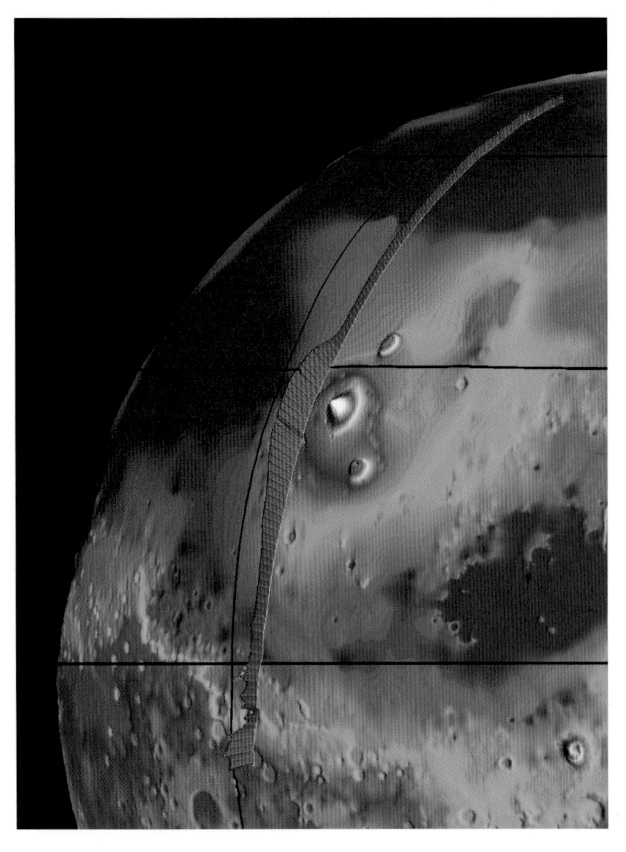

上图 “火星全球勘测者号”探测器上的激光高度计对火星北半球一处区域的扫描图。图片来源：美国国家航空航天局 / 加州理工学院喷气推进实验室 / 戈达德航天飞行中心。

不再是尽可能快地找到生命存在的证据，而是要仔细分析在哪里和何时能找到这些生命。也就是要根据在地球上获得的经验，结合火星的过往，去找寻可能的环境，找寻可能存在的生物分子基本构成物质。具体说来，就是除了研究某颗星球的表面外，还要尽可能研究其内部构造，从而确定该星球的化学与物理特征。因此，维京计划之后的探索任务不再装载生物实验设备，而是更侧重地质学方面的研究。

1993 年，美国国家航空航天局启动了一项名为“火星探索计划”[①] 的庞大系统性探索任务，先后向火星发射了轨道飞行器、登陆器和火星车；最近的一次任务是火星 2020[②]，“毅力号”火星车上首次搭载了一架“机智号”无人直升机。这些努力取得了显著成效。例如，在“火星全球勘测者号”[③] 探测器高度仪的帮助下，我们现在知道火星整个北半球的地势是低于南半球的，仿佛那里曾是一片浩瀚洋流的海底。

除此之外，“火星全球勘测者号”还发现了许多看上去像水流冲刷后形成的地貌（裂谷、古老河床、河流三角洲……）；而几辆主要进行地质勘测的火星车，不仅检测到了大量的赤铁矿物——一种在地球上可以通过水热反应获得的铁矿，还有许多有意思的发现（例如“机遇号”在子午高原上发现的金属小球）。

所以，水在火星上留下了许多它曾经存在过的痕迹。根据美国国家航空航天局星球科学研究所科学家亚历克西斯 · 罗德里格斯 2016 年在《科学报告》上发表的一项研究，几十亿年前火星北半球那片可能存在过的海洋，其海岸位置上甚至发现了两次大型海啸的痕迹，海啸由小行星撞击而引发，两次撞击相隔数百万年，留下了直径约 30 千米的陨石坑。

① 火星探索计划（Mars Exploration Program，缩写为 MEP）是一项由美国国家航空航天局资助和领导探索火星的长期计划；成立于 1993 年，利用人造卫星、着陆器和火星车探索火星上生命的可能性，以及火星上的气候和自然资源。

② 火星 2020（Mars 2020）是美国国家航空航天局“火星探索计划”（Mars Exploration Program）的火星探测器任务，其中包括“毅力号”火星车和“机智号”无人直升机。

③ “火星全球勘测者号”，或译为“火星全球测量者号”（Mars Global Surveyor，缩写为 MGS），是美国国家航空航天局的火星探测卫星。该探测器于 1996 年 11 月 7 日发射升空，但在 2006 年 11 月 2 日因为失联而结束任务。

拓展阅读
火星上的沙尘暴

到了（火星）夏季，火星表面会掀起阵阵沙尘，且愈演愈烈，最后甚至可以将几乎整个星球笼罩起来。不同于地球上低气压系统引起的沙尘暴，火星沙尘暴则是受到了太阳活动的影响，在阳光的照射下，火星上的细小尘埃受热蹿升到大气层中。而微粒间存在静电吸引，这就使越来越多的小微粒被带到高空，而后又毫无规则地下落，从而产生一阵阵强风，最终演变成威力十足的沙尘暴。对于在火星表面游走的火星车来说，沙尘暴可能会产生两种不同影响：如果沙尘暴的规模不是很大、也不是特别猛烈的话，那么可能会帮着“扫一扫”火星车太阳能电池板上的灰尘，延长其使用寿命；可如果是那种铺天盖地的规模，也许就会长时间地遮住太阳，从而使火星车失灵。“机遇号”火星车的经历最有代表性，2007 年，它经受住了火星上一次持续仅数周的沙尘暴；2018 年，火星上发生了一次全球规模的沙尘暴，“机遇号”从而进入防御性休眠，可这一“睡”，却再也没有醒来。

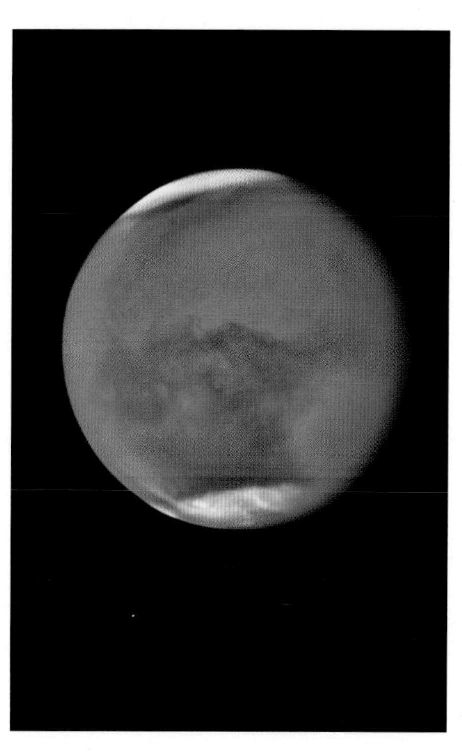

上图　2018 年“大冲”期间哈勃太空望远镜拍摄到的火星，表面几乎完全被沙尘暴笼罩。图片来源：美国国家航空航天局、欧洲航天局、空间望远镜科学研究所。

不过，如今火星上的水量已非常稀少，仅以水蒸气的形式存在于火星大气层中。而且，由于大气压强低、温度变化大（受纬度和季节影响，火星地表温度在 −143℃到 35℃之间），火星上也不可能存有大量的液态水，要么被冻成冰（在火星极地处的确如此），要么迅速变为水蒸气。

不过，根据探测卫星火星“快车号”[1]的分析，科学家们在科罗廖夫环形山中发现了一个冰坑，位于

[1] 火星“快车号”（Mars Express）亦称火星特快车，是欧洲航天局的火星探测卫星，也是该署首次火星探测计划。火星“快车号”包括两个部分：火星“快车号”卫星与“小猎犬 2 号”登陆器，“小猎犬 2 号”登陆后因太阳能板未全部展开无法露出通信天线，故欧洲航天局无法和“小猎犬 2 号”建立通信，登陆任务失败，但“快车号”继续环绕火星轨道至今。

火星北半球高纬度处，气象环境能够存储固态冰。此外，依然根据火星“快车号”的测量结果，一支意大利科研团队于 2018—2020 年，在火星南极周边的冰冠下约 1.5 千米处先后发现了几片小型液态湖泊。

早在 2004 年，火星“快车号”在绕火星飞行时就发现火星大气中含有甲烷。之后，自 2012 年起，“好奇号”火星车发现火星表面的甲烷浓度会随季节而变化，夏季和冬季时最低，秋初以及沙尘季末则达到最高。

应当说，查明这种气体的来源非常重要，因为地球大气中大部分的甲烷是由生活在土壤中的细菌产生的，这些细菌依靠水受矿物质辐射时分解出的氢获取能量，代谢出甲烷。不过，也不能忽略一些可能的非生物来源，比如像橄榄石等矿物遇水时也会产生甲烷。总之，以上两种情况中产生的甲烷均会以“笼形水合物”的形式储存在火星表面，也就是说甲烷分子像是被关进了一个由水分子构成的“笼子”里，而在受热和雷暴过后又会被释放到大气中（这就是为什么炎热季节即将结束时甲烷的含量最高）。遗憾的是，“毅力号”和“罗莎琳德·富兰克林号”两辆火星车都没有安装合适的甲烷检测仪器，也就没有办法指出这种气体究竟是来自生物还是矿物。

火星上过去可能存在生命

对这颗红色星球孜孜不倦地探索使我们对这个“邻居”有了许许多多的发现。

首先，尽管火星大气中含有包括甲烷在内的许多令科学家们感兴趣的气体，但如今它其实已经变得非常稀薄；其次，定期遭受强劲沙尘暴摧残的火星，其表面却呈现出许多能证明该星球曾存在大量液态水的迹象，时至今日，火星上的液态水却只存在于地表之下；再次，火星不像地球有磁场保护从而免受来自太阳的高能辐射。不过，科学家在火星岩石间却发现了古磁场的痕迹（古地磁学）；如今，根据“火星全球勘测者号”的测算，火星上确有几处大小、强度不一的磁场。

我们还得以知晓，大约在 40 亿年前，整个火星被一场滔天洪水席卷，在那之后，火星就变成了今天的模样。而更多的细节如今仍停留在猜想阶段。但是，在这场浩劫之前，火星上也许真的有生命诞生所需要的各种元素。例如，几年前内华达大学拉斯维加斯分校的克里斯托弗·阿德科克与同事在《自然 - 地球科学》上发表了一项研究成果，表示他们在实验室中开展的各项实验能够证明古时火星上的磷元素（以磷酸盐的形式存在）含量非常丰富，它是参与构成生命的主要元素之一，可以在水与一些矿石（主要是磷灰石）相互作用时生成，而早先火星上到处都是这样的矿石。

此外，火星土壤中还检测到了几处富含二氧化硅的点位。这一发现纯属偶然，当时“勇气号”火星车的一个轮子出现了锁死故障，在行驶中刮去了地表的一层土，结果探测仪却检测到了二氧化硅；这很可能发生在湖床的温泉带，原先的那片湖就是现在的古瑟夫陨石坑。而在地球上类似的地方——如同最

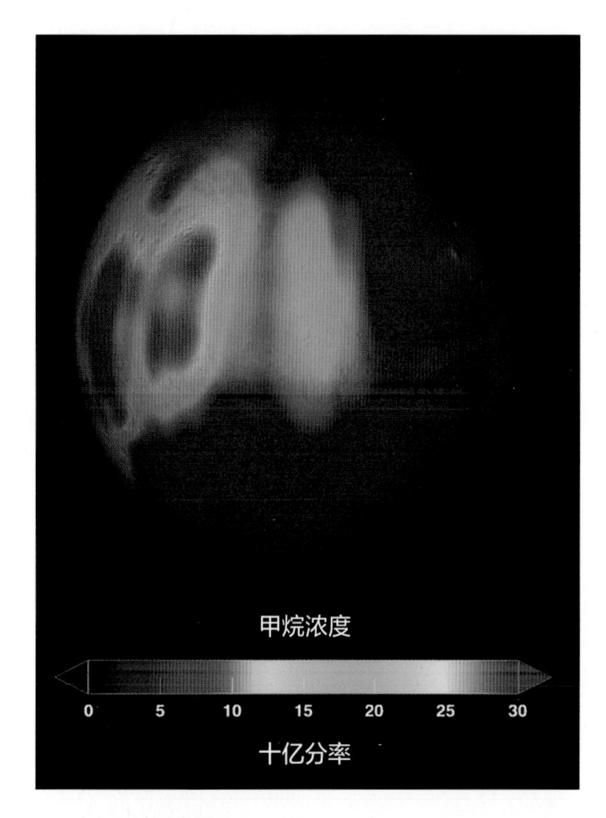

上图　火星北半球夏季时大气中检测到的甲烷气体分布伪彩图。图片来源：特伦特·辛德勒 / 美国国家航空航天局。

近发现的那样——往往存在种类繁多的生物。

在那场大洪水过后，幸存下来的生物必须找到能够保护自己的栖居地。除了在地下寻找这些生物外，行星撞击而成的陨石坑缝隙中也有可能。这一做法的灵感仍然来自地球——美国的切萨皮克湾[①]是世界上最大的陨石坑，在它的裂缝中就发现了大量的微生物。

旧理重提：泛种论

所有岩质星球上都有受其他天体（流星、彗星或整个小行星）撞击而形成的陨石坑，这一客观事

① 切萨皮克湾（Chesapeake Bay），是美国面积最大的河口湾，位于美国大西洋海岸中部，被马里兰州和弗吉尼亚州三面环绕，仅南部与大西洋连通。湾口北有查尔斯角，南有亨利角。其名来自阿尔冈昆语族印第安语，意为“大贝壳湾”。

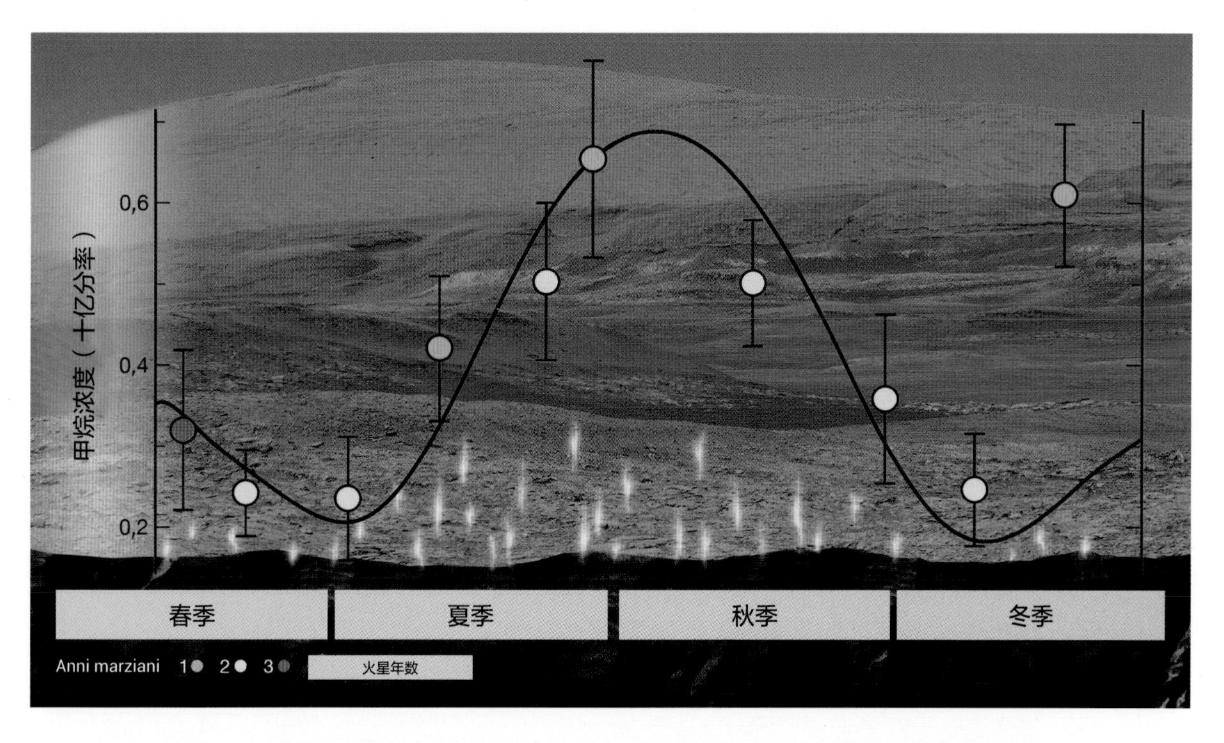

上图　“好奇号”火星车在 3 个火星年期间测量到的甲烷含量季节性变化。图片来源：美国国家航空航天局 / 加州理工学院喷气推进实验室。

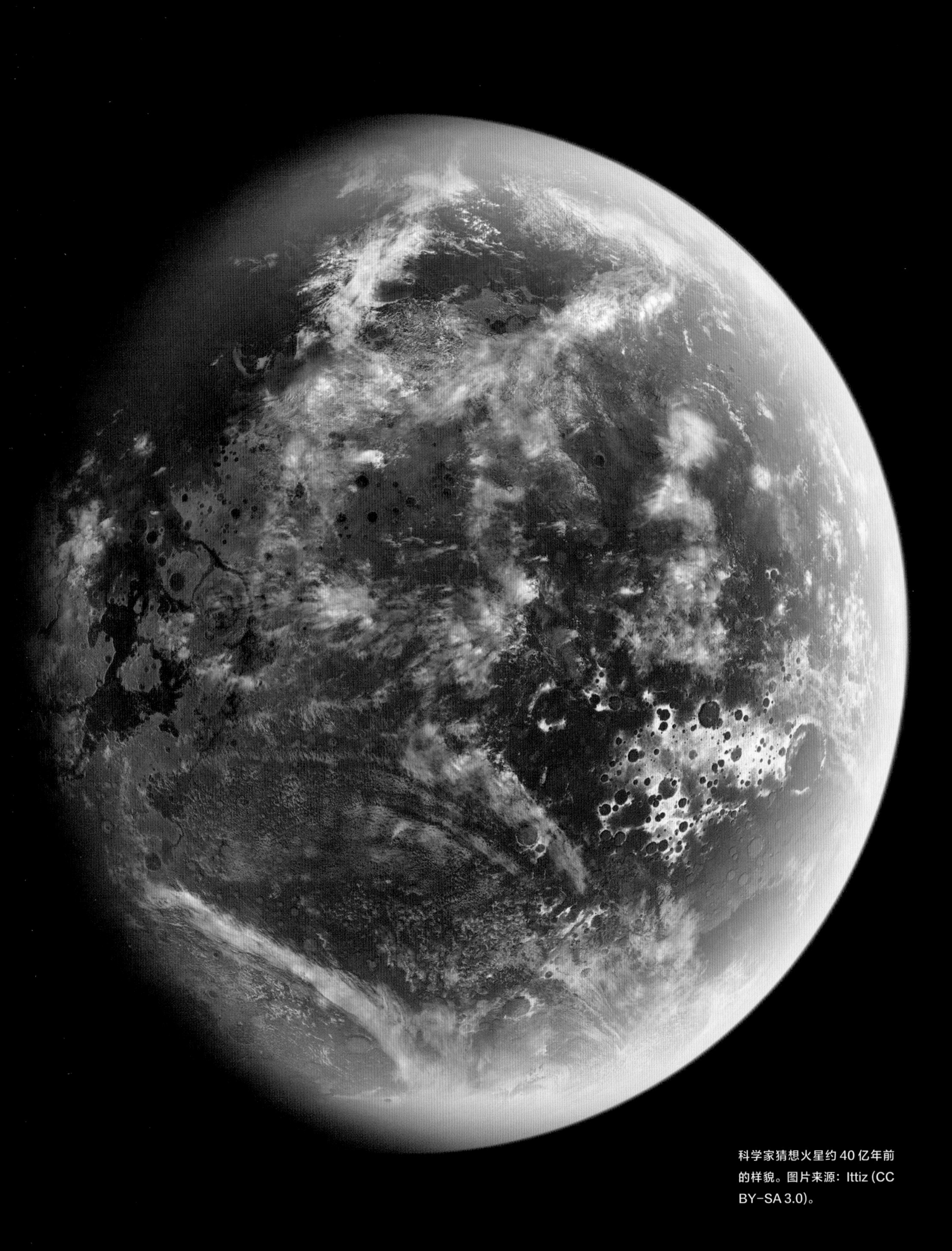

科学家猜想火星约 40 亿年前的样貌。图片来源：Ittiz (CC BY-SA 3.0)。

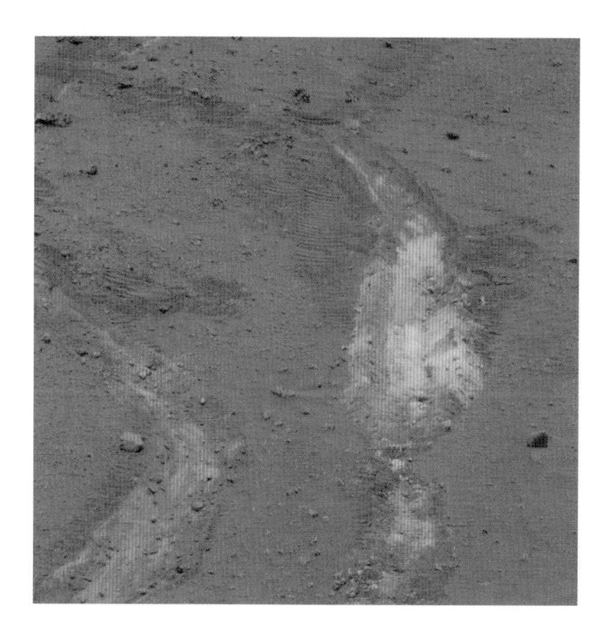

上图 “勇气号”火星车的一个车轮卡住后在火星上留下的划痕，使得科学家偶然发现这里含有大量的硅。图片来源：美国国家航空航天局 / 加州理工学院喷气推进实验室。

实也使古老的“泛种论”(Panspermia)每隔一段时间就被提出来讨论一番。这个词由两个希腊语单词组成，意为“到处都是种子”。早在公元前 5 世纪，阿那克萨哥拉[①]等古希腊哲学家就提出了这一理论；到了 19 世纪，两名物理学家开尔文勋爵和赫尔曼 · 冯 · 亥姆霍兹[②]将其进一步发扬光大，两人继发现电磁引力之后又提出假设，猜想宇宙中其实遍布生命，这些生命会从一个地方迁移到另一个地方。后来，化学家斯万特 · 奥古斯特 · 阿伦尼乌斯[③]将这一假说发展成了真正的科学理论，1903 年，他在文章《宇宙中的生命分布》[④]中首次提到了如今名为“辐射泛种”的机制，认为是这种机制造成了宇宙中的生命分布。

在阿伦尼乌斯看来，微生物，或者应该说细菌孢子（实际上是芽孢，即细菌体外形成的一层保护组织，可以抵挡高温等不利条件）可以附着在星球辐射压激起的尘埃上，从一个地方去往另一个地方。这一理论在当初就被视为无稽之谈，现在亦受到各种批判。卡尔 · 萨根对此也持反对态度，外太空的温度接近绝对零摄氏度且存在极强的辐射，他认为没有任何生命体能够承受住这些极端条件。

不过，令人惊讶的是，泛种论却也开始得到一些实验的证实。例如，2014 年，瑞士苏黎世大学的科拉 · 泰尔和奥利弗 · 乌尔里希与其他同事在《公共科学图书馆 · 综合》(*Plos One*)期刊上发表的科研成果证明，像 DNA 这种被认为是弱不禁风的生物分子，却能扛得住被火箭送上天、在太空短暂停留以及重返大气层时高达几千摄氏度的炙烤等严酷考验。在此之前，还有研究表明细菌能够抵挡能量相当于大型陨石相撞的爆炸，这样的爆炸会在太空激起大量岩屑。此外，并非所有的细菌孢子都会被太空杀死。稍加遮挡的话（比方说，承载细菌的不是尘埃微粒，而是稍大一些的岩石碎屑），相当一部分细菌即可在强烈的超紫外线辐射下存活数年。

---

① 阿那克萨哥拉(Αναξαγόρας，前 500—前 428)，伊奥尼亚人，古希腊哲学家、科学家。他首先把哲学带到雅典，影响了苏格拉底的思想。

② 赫尔曼 · 冯 · 亥姆霍兹(Hermann von Helmholtz，1821—1894)，德国物理学家、医生。

③ 斯万特 · 奥古斯特 · 阿伦尼乌斯(Svante August Arrhenius，1859—1927)，瑞典化学家。他提出了电解质在水溶液中电离的阿伦尼乌斯理论，研究了温度对化学反应速率的影响，得出阿伦尼乌斯方程。由于在物理化学方面的杰出贡献，阿伦尼乌斯被授予 1903 年诺贝尔化学奖。

④ 德语原名：*Die Verbreitung des Lebens im Weltenraum*.

以上看法催生出了“岩石泛种论”，在该理论中，微生物的“交通工具”不再是那些细小的微尘颗粒，而是一些周长可达一米的石块。况且，地球上有些微生物的栖息地曾经也被认为是不适宜生命存在的（所以这样的微生物又叫“嗜极生物”），这一发现也使得该理论重新活跃起来。

在这些细菌中，最会在太空环境中保护自己的当数抗辐射奇异球菌。的确，它是所有微生物当中对电离辐射耐受性最强的，因为其体内存在一些特殊的酶，能够重构被辐射破坏的染色体，从而实现自我修复。而且它还是一种耐寒、耐旱、耐真空和耐高酸的多嗜极微生物。根据这些特点，2002 年，圣彼得堡约飞物理技术研究所的阿纳托利 · 帕夫洛夫提出一项假说，他认为抗辐射奇异球菌并非起源于地球，而是从其他什么地方来到地球的，而在那个地方——比方说火星——没有这些特点就无法生存。

不过，地球上存在各种各样的嗜极生物，它们的生存环境也各不相同，有的生活在 pH 值极低的地方（嗜酸生物），有的则恰恰相反（嗜碱生物）；有的能在高温乃至超过 100℃的超高温环境中存活（嗜热生物和超嗜热生物），有的则又生活在极寒地带（嗜冷生物）；还有的生活在高压环境中（嗜压生物）。这一事实也让人意识到，没有必要因为抗辐射奇异球菌具备的那些特点，就去猜想它可能来自火星。也许它就只是一种古老的细菌，当时地球上的各种极端条件——高辐射首当其冲——使其不断演化，最终

上图 1903 年诺贝尔化学奖得主、泛种论支持者斯万特 · 阿伦尼乌斯（右）在与威廉 · 奥斯特瓦尔德（左）交谈，后者于 1909 年获得诺贝尔化学奖。

拓展阅读
ALH84001

1996年，戴维·S. 麦凯及其科研团队在《科学》上发表文章称，他们分析了1984年在南极洲发现的火星陨石（ALH84001）的内部结构，显微镜观察到了一条条管状结构，看上去像是细菌生物膜化石。在这些管状结构周围，研究人员还发现了一些微小的磁铁矿颗粒，它们的排列形状与地球上一种名叫“趋磁细菌”的排列方式一样——这些细菌能够沿着磁场力线排列和运动，这也说明火星生物的起源可能会是细菌。这件事在科学界引发了热烈讨论，一些人认为那些管状结构就是火星生命的起源，而反对者则认为那些结构只是某些化学反应造成的，其中并没有生命物质。理由之一就是，这些结构实在太过微小（直径为20~100纳米），不可能来自任何生命。的确，在此之前，科学界普遍认为地球上最小的细菌直径应当至少为200纳米。而恰恰在1996年，情况却发生了变化，这一年“纳诺比”结构被发现，尽管作为“生命”它实在是小得不能再小，却也能够为解释ALH84001中发现的管状结构提供一种可能。如今，这场讨论仍在继续。

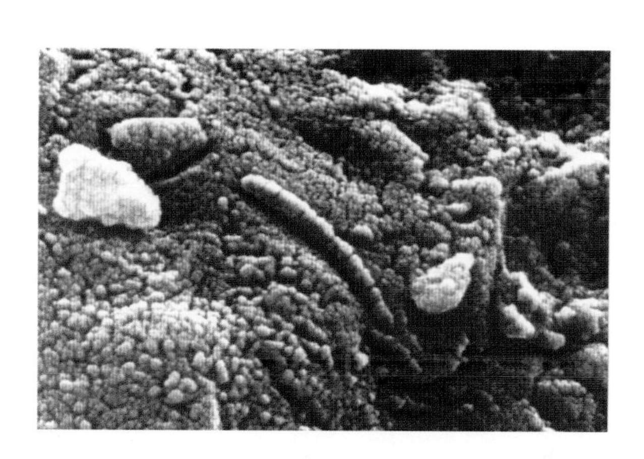

上图　火星陨石ALH84001内部管状结构。图片来源：美国国家航空航天局。

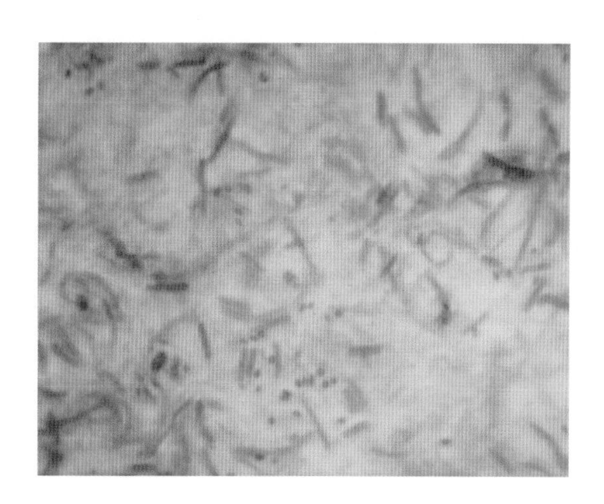

上图　培养中的蜡样芽孢杆菌，图中的蓝绿色小点是用色素标记出的内生孢子。图片来源：T. Nims (CC BY-SA 4.0)。

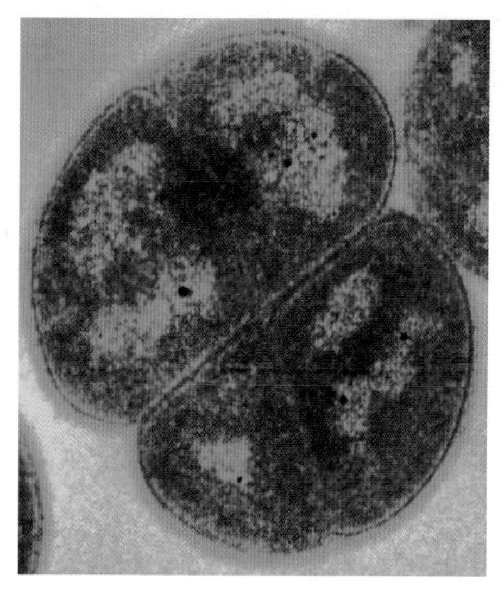

左图　抗辐射奇异球菌，一种耐辐射嗜极细菌。

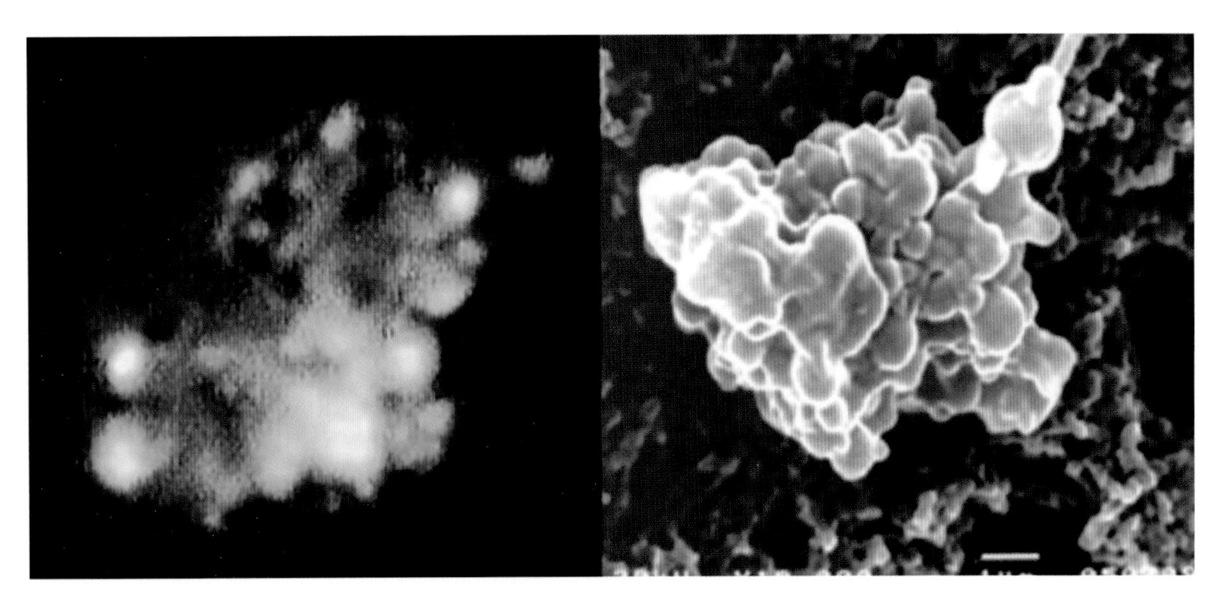

上图　地球上空 41 千米高度处的菌落（左）与地表细菌构成的类似菌落（右）对比图。

上图　国际空间站组件“星辰号”服务舱外部的 EXPOSE-R2 装置。2014 年 8 月，这里开启了一项实验，实验将包括菌类、节肢动物等在内的 46 种小型生物暴露在太空环境中长达 18 个月，以研究它们是否能够适应并生存。在此之前已经开展过两次类似实验，三次实验均发现了能够继续生存的物种。图片来源：俄罗斯联邦航天局。

掌握了从容应对一切的本领。

天文学家兼科幻作家弗雷德·霍伊尔[①]与同事钱德拉·维克拉玛辛赫也是泛种论的支持者。1974 年，

① 弗雷德·霍伊尔（Sir Fred Hoyle，1915—2001），生于英国英格兰约克郡宾利，英国天体物理学家。他是最早将恒星核合成过程理论化的物理学者。

两人提出太空星际间的尘埃颗粒中应当含有大量的碳，这一看法之后被予以证实。不过，他们还认为许多传染病（例如 1918 年爆发的西班牙大流感）也是由来自外太空的细菌所引起。2005 年，研究证明确实有一些细菌 [其中有很多都是最新发现的，比如“霍伊尔降解菌”（之所以叫这个名字是为了纪念霍伊尔）] 似乎在距离地面 20—40 千米的平流层中安了家（或者至少是能够在这一高度的环境中存活），但是这些细菌与地球上暴发过的各种传染病却毫无关系。

此外，还有一种所谓的“引导性泛种论”（又称“定向泛种论”），意即生物体乘坐太空交通工具从一个星球去往另一个星球。DNA 的发现者之一弗朗西斯 · 哈利 · 康普顿 · 克里克[①] 提出了这一假说，晚年他与生化学家莱斯利 · 奥格尔合作，以期解释遗传密码的通用性，即地球上所有生命体使用的是一套遗传密码。克里克和奥格尔一度认为，这种现象出现的原因是其他更高级别的外星智慧生命在我们的星球上“播种”了某种使用同一套遗传密码的生物体。这个假说听上去有些可笑，而且克里克本人在重新思考了 RNA 世界学说[②]（我们前面提到过）后也放弃了这一观点。

不过，一个不可否认的事实是，现实中人类开始做同样的事了，具体说来就是将地球生物“播种”到其他星球上。例如，1969 年，执行任务的阿波罗 12 号在月球上找到了“勘测者 3 号”并将其带回地球（“勘测者 3 号”是 1967 年发射的一架月球登陆器，任务是检测月球表面环境，为人类登陆做准备）。令人颇感惊讶的是，在“勘测者 3 号”摄像机的一块垫片上，居然发现了一些缓症链球菌种属细菌，而这种细菌一般多见于人类呼吸道。这些细菌暴露在月球环境（极端温度、极强辐射）中长达 31 个月，可是回到地球之后却仍然能够繁殖并形成菌落。美国国家航空航天局将这一发现归咎于“勘测者 3 号”在发射前没有进行充分杀菌，并且延长了登月归来的乘组宇航员的隔离时间。不过这件事也说明，“偶然”的定向泛种，的确也是有可能的。

---

① 弗朗西斯 · 哈利 · 康普顿 · 克里克（Francis Harry Compton Crick，1916—2004），英国生物学家、物理学家及神经科学家。他最重要的成就是 1953 年在剑桥大学卡文迪许实验室与詹姆斯 · 沃森共同发现了脱氧核糖核酸（DNA）的双螺旋结构，二人也因此与莫里斯 · 威尔金斯共同获得了 1962 年诺贝尔生理学或医学奖，获奖原因是“发现核酸的分子结构及其对生物中信息传递的重要性”。

② RNA 世界学说（RNA world hypothesis）认为，地球上早期的生命分子以 RNA 先出现，之后才有蛋白质和 DNA；这些早期的 RNA 分子同时拥有类似现在 DNA 具有的遗传信息储存功能，以及类似现在蛋白质具有的催化能力，以支持早期细胞或前细胞生命的运作。

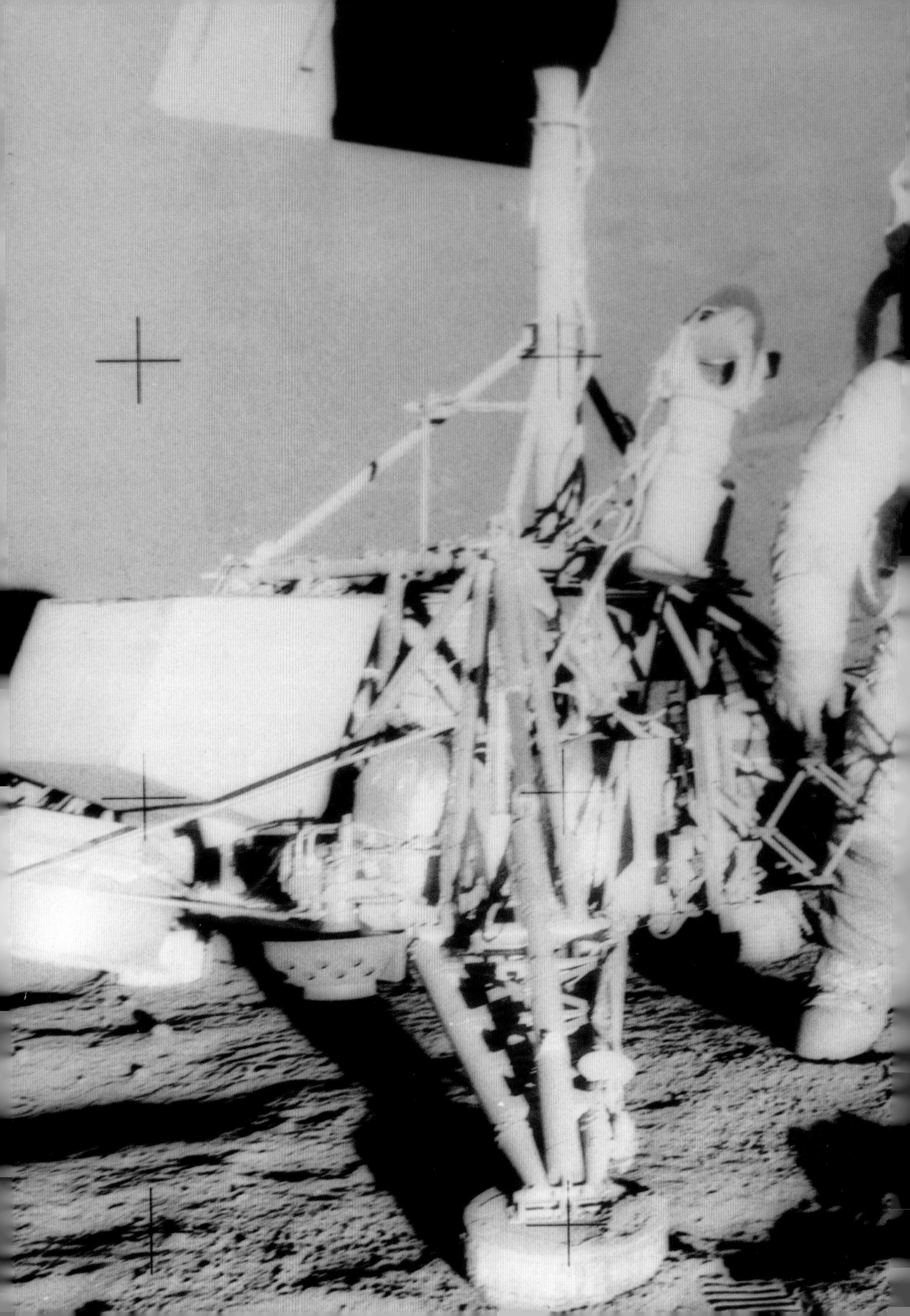

从月球上回收

宇航员小查尔斯·康拉德站在“勘测者 3 号”旁边。阿波罗 12 号乘组人员回收了它的摄像机并带回地球。在这架摄像机上发现了一些人体细菌，它们处于月球表面的恶劣环境中长达 31 个月，却依然生存了下来。图片来源：阿波罗计划档案项目。

第四章

宜居带之外

地球是太阳系唯一一颗地表存在大量液态水的行星。可如果来到地下呢？如今，我们尽可以去猜想，许多星球都拥有“货真价实”的地下海洋。

上图　2007 年的麦克诺特彗星。图片来源：S. 德里斯 / 欧洲南方天文台。

前页图　2019 年年底欧洲航天局发射的系外行星特性探测卫星（CHEOPS）探测到（且可辨别）的各种系外行星。从左到右依次为：岩质行星，中等大小的气态行星，海洋行星以及表面由冰覆盖的行星。CHEOPS 卫星可以同时测量行星的尺寸与质量，所以能够对这些行星加以区分。图片来源：欧洲航天局。

如果我们只是将目光放在太阳系内，并且从“适宜居带”的概念出发——它是太阳系中的一片区域，位于这片区域中的行星表面会有液态水存在——符合这一条件的可能只有金星、地球和火星（这还是往多了说的）。我们也许会问，地球表面是怎么积攒起这么多水的呢（其他星球过去好像也有）？同样的过程，会不会也出现在其他地方（比如一些系外行星上）呢？

事实上，根据目前的观点，地球表面之所以会出现这么多水，靠的不是某个单一过程，而是至少“两个过程”。首先，地球上海洋中的水是由彗星带来的，太阳系形成伊始，地球尚未完全成型，大量的彗星撞击在其表面；其次，为什么彗星会带来水呢？根据美国天文学家弗雷德·劳伦斯·惠普尔的观点，这些彗星主要由冰构成，本质上就是一些“脏脏的雪球”。

如今，这一观点稍有变化。2014 年，欧洲航天局的“罗塞塔号”探测器及

海洋行星

理论上，太阳系外存在这样一些行星，它们的表面被深度可达数百千米的海洋覆盖；除了水以外，这些海洋还可能由液氨、岩浆或碳氢化合物等其他流体物质构成。这一特点也许与如今的行星形成理论模型相匹配，也可以用来解释一些系外行星的特征，尤其是它们的低密度。不过，如果无法直接对其表面进行观测，想要辨别出这些特殊的行星并非易事。因此，要能够做到“顺藤摸瓜”，比如，对于由水构成的海洋行星，就要先去研究其大气中的水蒸气。

其登陆器“菲莱”对67P 丘留莫夫－格拉西缅科彗星[①]进行了细致的研究，第一项重要发现就是彗星可不仅仅只由“雪”构成，而是有一颗实实在在的岩石核心。水（以冰的形式）存在于这颗石核内部。而彗星之所以在靠近太阳时会出现一条“尾巴”，原因是其中的冰在阳光照射下直接升华成了水蒸气。此外，在67P 彗星上发现的水还有另一个特点，即重水（由比氢多出一个质子的氘与氧构成）与“正常”水的含量比值要远高于地球洋流中的水。

的确，地球上的水氘氢比为 1.56×10^{-4}，即 1000 个水分子中有 16 个由氘和氧组成，而在 67P 彗星上，这一比值曾为 5.3×10^{-4}，也就是说 1000 个水分子中，超过 50 个水分子中的两个氢原子至少有一个被氘取代。

2017 年，《皇家社会哲学汇编》[②]推出研讨会论文特辑，聚焦水在太阳系内行星演化中的重要性。其中，英国苏格兰格拉斯哥大学地质学家莉迪娅·哈利斯撰文指出，在那些于太阳系诞生初期形成的物体中，氘氢比的变化并不大。尤其是C－型小行星（C 代表碳，因为这些行星内部含有大量的碳）和 S－型小行星（S 代表硅，这些行星富含硅），它们逐渐聚集，而后发生碰撞、融为一体，形成最初的地球。

① 丘留莫夫－格拉西缅科彗星（КометаЧурюмова-Герасименко），官方命名为 67P 丘留莫夫－格拉西缅科（缩写为 67P 彗星），是一颗轨道周期为 6.45 年，自转周期为 12.4 小时的彗星。它于 2015 年 8 月 13 日到达近日点。此彗星在 1969 年由苏联天文学家克利姆·伊万诺维奇·丘留莫夫与斯维特拉娜·伊万诺夫娜·格拉西缅科发现（与所有彗星一样，它的名字取自发现者）。

② 刊物英文名称：*Philosophical Transactions of the Royal Society*。

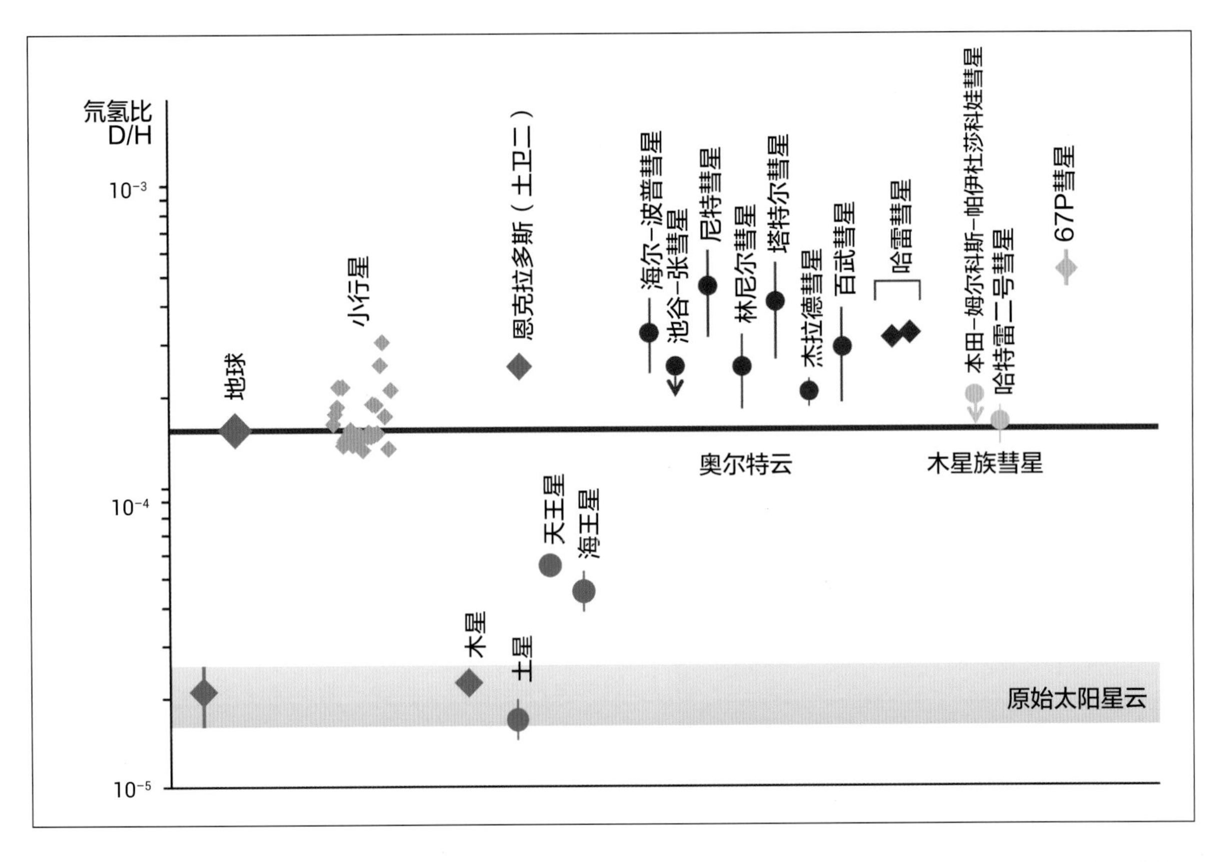

上图　太阳系不同物体（按照离太阳由近到远的顺序）中所含水的氘氢比。蓝色代表行星和月亮，灰色为小行星，紫色为长周期彗星，粉色代表木星族彗星，黄色代表 67P 彗星。实心圆代表数据通过天文观测所得，菱形代表“实地考察”数据。深蓝色短线代表地球海洋中的氘氢比，浅蓝色条则代表原始太阳星云中的氘氢比预估值。图片来源：阿尔特韦格等人于 2014 年提供的信息。

即使到了现在，这些小行星的氘氢比仍然与地球相仿。当然，这项发现并没有抹杀彗星的功劳，但是显然使“地球上的水大部分由小行星带来”的假说显得更为合理，这就是我们前面提到的两个过程中的第二个。至少对于早期地球上的水来说，情况的确如此。后来，大约在 45 亿年前，一颗大小和火星差不多、名为“忒伊亚”的微型行星重重地撞上了当时还处在冷却中的地球，地球表面不仅被撞掉了一大块儿——这块儿残骸之后变成了月球——上面的水也随之蒸发掉了。

可是之后，外太阳系的一些含水碳质陨石又接二连三地撞向了地球，每次都给地球表面带来了少量的水。关于这一点，丹麦哥本哈根大学的克里斯托弗·西洛什于 2020 年找到了确凿证据，他带领学生在格陵兰岛一些非常古老的岩石中检测到了大量钌元素的同位素 100Ru，与如今在碳质球粒陨石（一种含碳量很高的陨石）中检测到的数据不相上下。

由此看来，地球表面之所以有大量的水，原因在于地球形成与演化历史中的一系列自然现象。那么，类似的机制也可能会出现在其他行星系统中，一些系外行星表面不仅可能会有水，其气候条件也许还会使水以液态的形式存在。

地表下的洋流

因此，如今在太阳系中，地球是唯一表面有大量液态水存在的行星。可是如果来到地表之下呢？

近几十年来的探索表明，一些天体的地表之下可能会有海洋存在。例如，木星的三颗卫星木卫二（欧罗巴）、木卫三（盖尼米德）和木卫四（卡利斯托）；土星的三颗卫星土卫二（恩克拉多斯）、土卫六（泰坦）和土卫一（米玛斯）；可能还有海王星的卫星海卫一（崔顿）以及矮行星冥王星。

木星的卫星们

过去，木卫二对天文学家来说一直是谜一样的存在。的确，与木星的其他主要卫星相比，它的表面看上去特别亮。在两架“旅行者号”和“伽利略号”探测器先后向地球发回其表面高清图片后，谜底得以揭晓。原来，木卫二表面均匀地覆盖着厚厚的冰层，不过冰层内部却有许多条深深的裂缝（名字叫作“Lineae”），宽度可达 20 千米。表面上的冰层解释了木卫二为什么这么亮，不过，仔细观察这些“Lineae”的话就会发现，它们其实异常活跃，一直在移动。

上图　行星相撞效果图。图片来源：美国国家航空航天局 / 加州理工学院喷气推进实验室。

星星上的水

就连在猎户大星云这样的恒星形成区都发现了有水存在的信号，这不由得让人怀疑，水分子也许真的遍布宇宙的每一个角落。而且它可能从一开始就参与形成了各个星系。所以，每颗行星可能“生来”就有产生水的能力，而后取决于自身构造以及表面气候条件，在其表面上方或下方形成海洋。

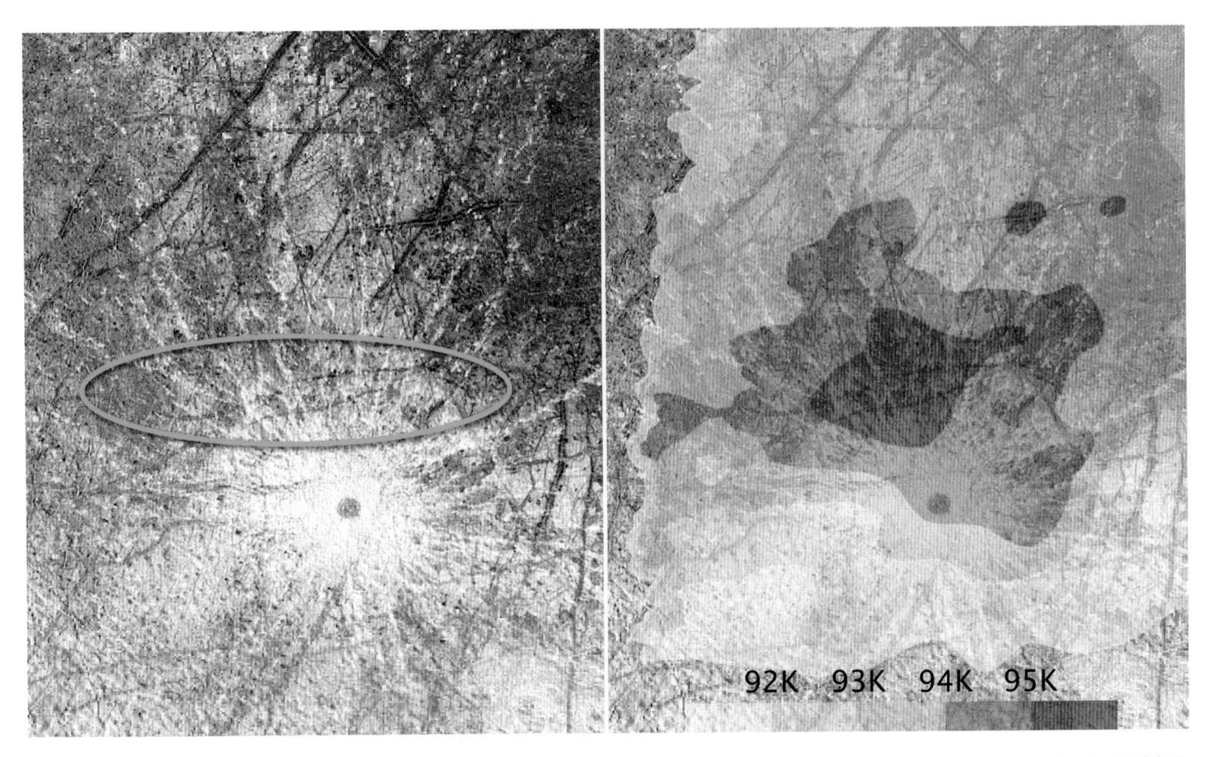

上图 欧罗巴上的一处“热区”。图片左侧为拍摄到的该区域，可以看到有物质被喷射出来（图中绿圈内）；右侧是以伪彩图呈现的表面不同温度。图片来源：美国国家航空航天局 / 欧洲航天局 / W. 斯帕克斯（空间望远镜科学研究所）/ 美国地质调查局天体地质科学中心。

此外，将 20 世纪 70 年代两架“旅行者号”探测器探索太阳系外时拍摄的照片与 20 年之后“伽利略号”拍摄到的照片放在一起对比时就会发现，木卫二的表层转动速度要比内层快得多，每过大约 12000 年，外层就会比内层多转一圈。所有这些特征，似乎都可以用木卫二表面之下有海洋来解释，那些大块的冰层，应当是漂浮在水面上的。可是，木卫二与太阳相距 8 亿千米，水在那里又怎么能维持液态呢？这就要归功于木星的引力了，它的个头实在是太大了，从而能够使木卫二产生“潮汐”现象，而定期的潮汐则会逐渐改变木卫二的内部结构，乃至时不时会引发一种名叫“冰火山喷发”的特殊火山活动，因为喷发出的不是岩浆，而是水蒸气。这种潮汐产生的能量融化了冰层内部，从而使液态水得以存在于冰层之下。

同样能证实该理论的，还有木卫二上的微弱磁矩，它因木星强大的磁场感应而生成，被“伽利略号”检测了出来——而为了能够显现，恰恰就需要水作为导体，最好还是咸水。此外，哈勃望远镜分别

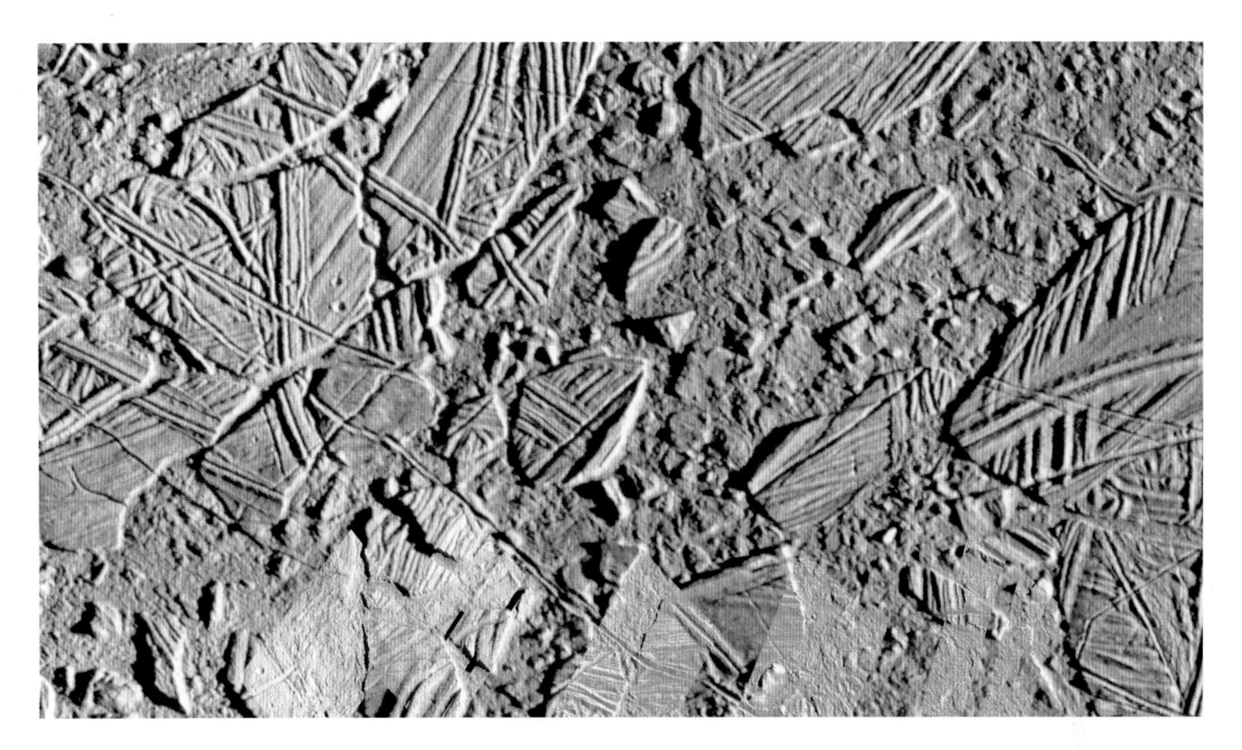

上图　欧罗巴上的“康纳马拉混沌”区域。图片来源：美国国家航空航天局 / 俄罗斯联邦航天局喷气推进实验室。

上图　欧罗巴“快船号”高增益天线原型，在美国国家航空航天局位于弗吉尼亚州汉普顿的兰利研究中心接受测试。

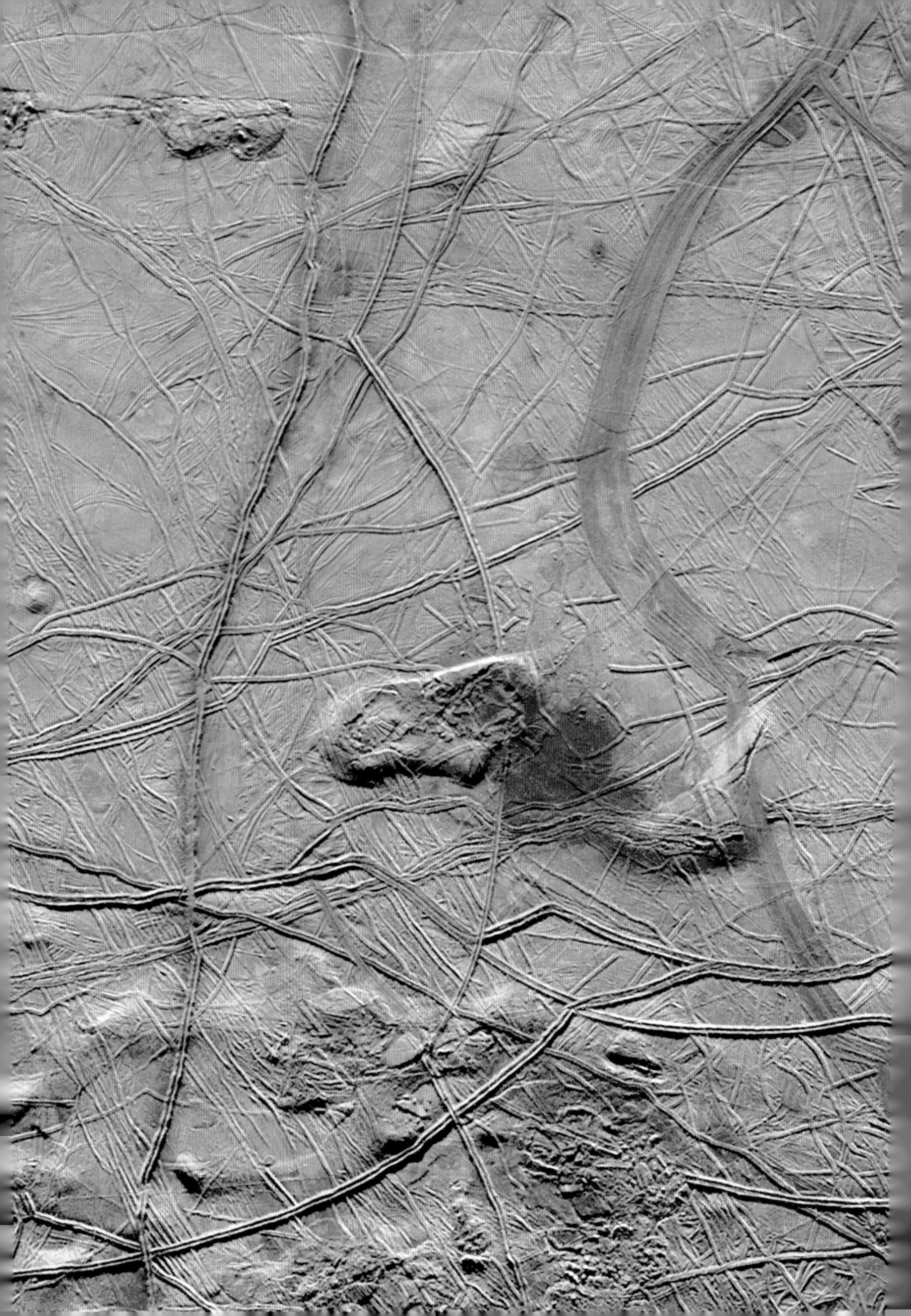

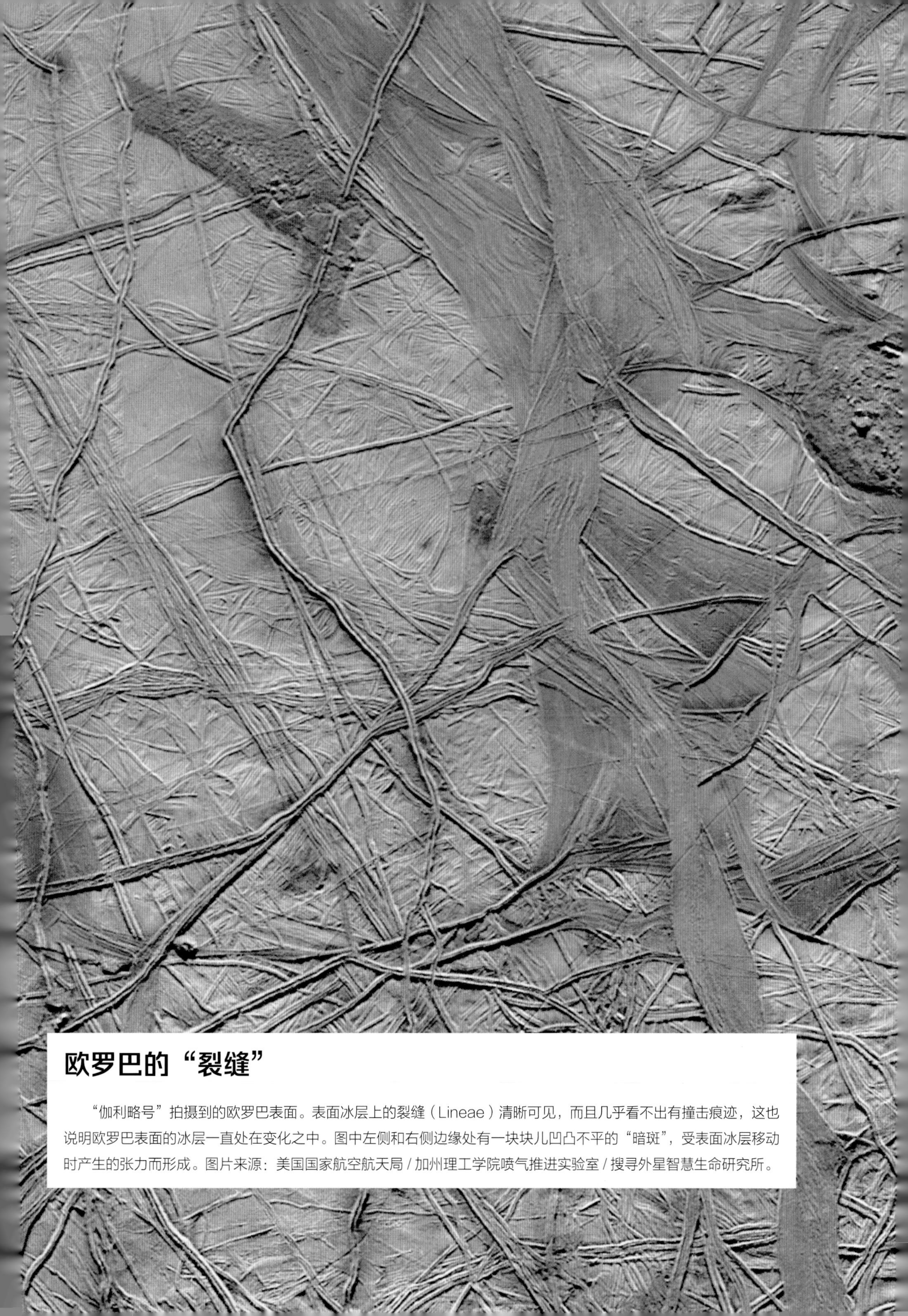

欧罗巴的“裂缝”

“伽利略号”拍摄到的欧罗巴表面。表面冰层上的裂缝（Lineae）清晰可见，而且几乎看不出有撞击痕迹，这也说明欧罗巴表面的冰层一直处在变化之中。图中左侧和右侧边缘处有一块块儿凹凸不平的“暗斑”，受表面冰层移动时产生的张力而形成。图片来源：美国国家航空航天局/加州理工学院喷气推进实验室/搜寻外星智慧生命研究所。

拓展阅读
行星保护

为了避免对其他天体造成污染，从消杀的角度讲，太空任务按照目的地以及预定目标可以分为 I 至 V 共五类。对于 I 类任务，即探索目标星球（比如太阳和水星）的直接目的不是了解生命起源或化学演化过程，不需要做任何特殊要求。相反，V 类任务则需要采取重点措施，这类任务会从可能存在“生命印记”的地点采样并带回地球进行研究。因此，此类任务中采集到的样本以及参与相关任务的航天员在返回地球后必须被隔离一段时间，而且整个任务都应经过周密设计，将（因事故等）意外泄漏样本到地球环境上的可能性降至最低。对于 II、III、IV 类任务，则要防止地球上的微生物污染到其他星球环境，否则不仅可能会影响到实验研究结果，还可能会无意中给目标星球带去“外星”生物，从而对该星球的环境产生严重影响。

右图：在干热环境下对维京号探测器进行消杀：在 125℃的环境中“烘烤”30 小时。图片来源：美国国家航空航天局。

于 2014 年和 2016 年观测到了木卫二冰层上的一些“羽状物”，而出现这些羽状物的位置，恰恰就是“伽利略号”检测到的木卫二表面温度较高的地方。

还有一些理论甚至试图阐明木卫二上有生命。例如，试想一些有机物分子被彗星和小行星带到木卫二表面，然后穿过某一条冰层裂缝，冲入下面的海洋中，那么它们也许就会在有冰火山活动的地方找到适宜的生存环境，因为冰火山活动产生的物质就相当于地球温泉的产物，而就像最近发现的那样，地球温泉周围可是有许许多多种类各异的奇特生物呢。

JUICE 探测器位于木星与木卫三之间。图片来源：欧洲航天局/亚洲观测系统。

具体说来，这种情况也许会发生在木卫二那些表面看上去比较“热闹”的区域，因为下面很可能就是大片大片的湖泊。例如，得克萨斯大学奥斯汀分校的布兰妮·施密特与同事们分析了“伽利略号”拍摄的木卫二康纳马拉混沌[①]区域，并于2011年在《自然》上公布了研究结果。康纳马拉混沌之下应该有一片湖，水量可能相当于美国全境所有大型湖泊的总和。这片区域表面的冰层是凸起的，看上去快要爆裂开来。

不过，在对这颗卫星进行更加细致的研究之前——也许之后会发射一架登陆器上去，然后在冰层上钻孔——关于其地下水中有生命的假说就还只能停留在理论层面。

然而，在不久的将来，我们也许能够更清楚地看到木卫二的表面，因为美国国家航空航天局即将开启一项名为“欧罗巴快船”的专项任务（除此之外还有欧洲航天局的JUICE任务，我们在后面会提到），专门对其开展研究，相关探测器将于2024年发射。在三年半的任务期中，探测器将44次靠近木卫二，最近的一次距其表面将仅有25千米。

至于发射登陆器到木卫二冰层一事则仍处在研究之中，相关任务可能会于2027年启动，届时，登陆器将携带各种仪器以检测木卫二上可能存在的“生命印迹”。而且，执行这项任务时必须格外小心，避免地球上的微生物污染木卫二的水环境。例如，登陆器事先会经过仔细灭菌，然后被放置在一个类似吊车的工具表面（之前的“好奇号”和“毅力号”火星车就是这样），该工具完成任务后，会在进入木星大气的过程中解体。而登陆器在完成测量任务或者由于其他任何原因而与地球失联后，都会被自身携带的爆破装置引爆。

木星的另一颗卫星木卫三与木卫二的构造相类似，它比水星大一些，表面之下有浩瀚的海洋，也是太阳系中唯一有磁场的卫星。由此产生的现象之一就是来自木星的高能带电粒子会在木卫三极地处形成极光，类似于来自太阳的高能带电粒子在地球上形成极光。

2015年，德国科隆大学的地球物理学家约阿希姆·索尔依靠哈勃望远镜拍摄的图像对这一现象进行了实时研究，并根据观察到的动态变化提出猜想，认为在木卫三表面下厚度约200千米的两个冰层之间，应该有一大片海洋。这片海洋深约100千米，约为地球水域深度的10倍，水量也比地球上所有的洋流加起来还要多。不仅如此，洋流中的水应该是咸水（所以也是良好的导体），否则，在木星和木卫三的磁场感应下，极光出现的位置变化应当会更加明显。

在木星的卫星中，木卫四——这颗太阳系中撞击坑最多的天体上，可能也存在一片深度超过100千米的海洋。

之所以能做这样的推测，主要基于两条线索：一是科学家利用光谱技术检测到其上有冰；二是“伽利略号”检测到了它对木星磁场做出的回应。的确，木卫四表现得像是一种超导体，磁场无法穿透它。

① 康纳马拉混沌（Conamara Chaos）是木卫二表面的混沌地形。以爱尔兰的康纳马拉命名。

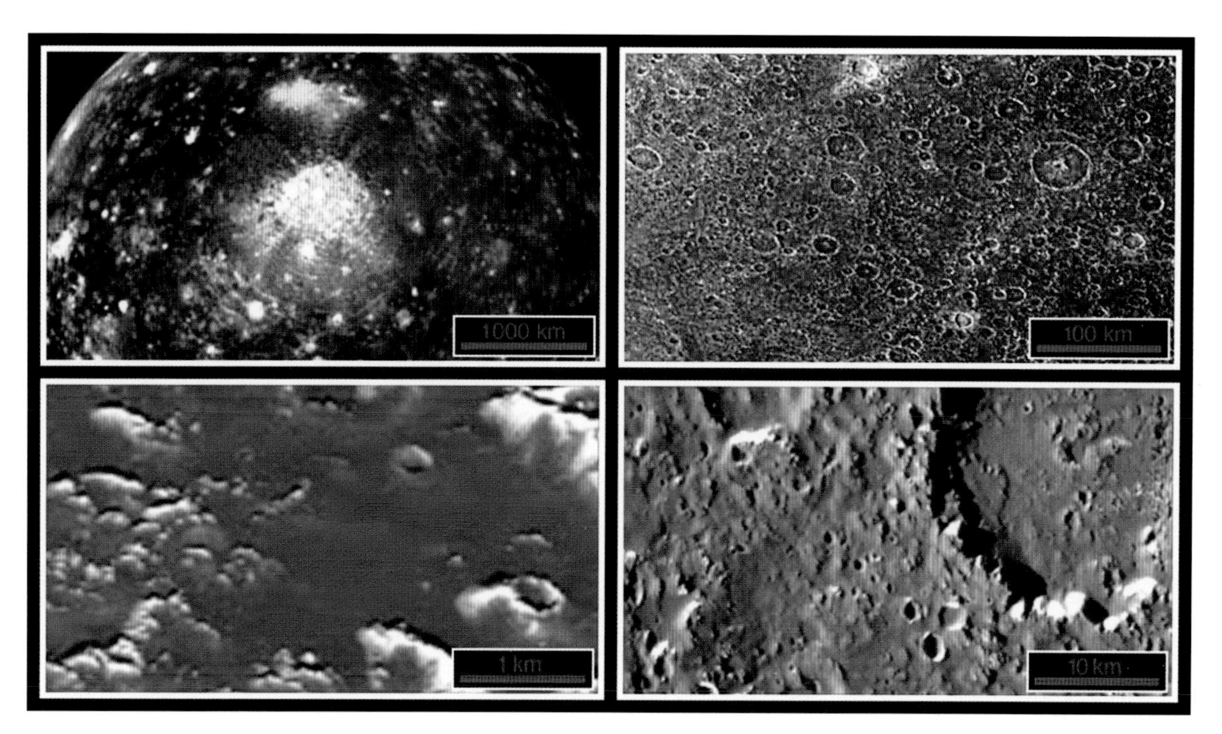

上图　不同分辨率（递增）下观察到的木卫四某片区域景观。图中光亮处是一些陨石坑，其他大部分区域则被一种深色化合物覆盖，目前尚不清楚其来源。图片来源：美国国家航空航天局 / 加州理工学院喷气推进实验室 / 德国航空航天中心。

对此，一个可能的原因就是其中存在厚度为至少 10 千米的高传导性液体层。如果这片海洋中还溶解了氨气等天然抗冻物质，那么就会更深。

欧洲航天局于 2022 年发射的冰质木卫探测器[①]就是要研究木星的这三颗卫星。如果本次任务成功，冰质木卫探测器将于 2029 年登陆木星并开展一系列观测工作，以更详细地了解这些卫星的表面情况、磁场分布及其稀薄大气的成分，当然，还有那些地下海洋。

冰质木卫探测器将于 2023 年进入木卫三轨道绕行，这也将创下一个纪录，即人类制造的飞行器将首次围绕月球以外的其他卫星飞行。到 2034 年，冰质木卫探测器将登陆木卫三。在前往木星星系的途中，除了地球外，冰质木卫探测器还将多次飞越金星和火星，利用重力获得加速度，同时调试其上装载的设备。

---

① 冰质木卫探测器（JUpiter ICy moons Explorer，缩写为 JUICE）是欧洲航天局计划中的一个木星系探测任务，旨在研究木星的三颗卫星：木卫二、木卫三和木卫四。该任务将揭示它们表面是否含有潜在宜居环境重要特征的液态水体。欧洲航天局在 2012 年 5 月 2 日宣布该计划入选其宇宙愿景科学计划。探测器计划将于 2023 年 4 月发射。

土星的卫星

我们对土星及其卫星的了解，有很多都来自“卡西尼 - 惠更斯”任务（由美国国家航空航天局与欧洲航天局合作开展，意大利在其中做出了突出贡献）的观测成果，任务探测器在 2004—2017 年探索了这颗带有光环的行星星系。此外，小型登陆器“惠更斯号”还于 2005 年抵达土卫六表面，该星是太阳系中唯一具有稠密大气层的卫星。

“卡西尼号”收集到了许多重要信息，其中就包括拍摄到土卫二恩克拉多斯（土星的一颗卫星，直径约 500 千米）南极附近的水蒸气（以及含氢化合物与其他物质）高压喷射现象。据测算，该处 1 秒喷出的水量为 250 千克，喷射速度可达 2200 千米 / 小时，而且人们很快发现，土星 E 环中的大部分物质其实就来自这些喷射。

出现这些喷射现象的区域撞击坑较少（所以应该是最近才形成的），上面有一条条“虎斑纹”（Tiger Stripes）。像前面提到的木卫二一样，这些条纹也是由冰火山活动产生的。

也许是由于长时间接触岩质内核，土卫二上喷出的水是咸水，这也不由得使人猜想其地表之下应当有一片深 30—40 千米的广阔海洋。根据“卡西尼号”对土卫二各种运动的精密测算，这片海洋会大到使该星地表外壳与内层“分离”开来，就像木卫二上出现的那样。

此外，在对土卫二南极附近的喷射物进行分析时还发现了许多复杂有机物分子，有的甚至含有 15

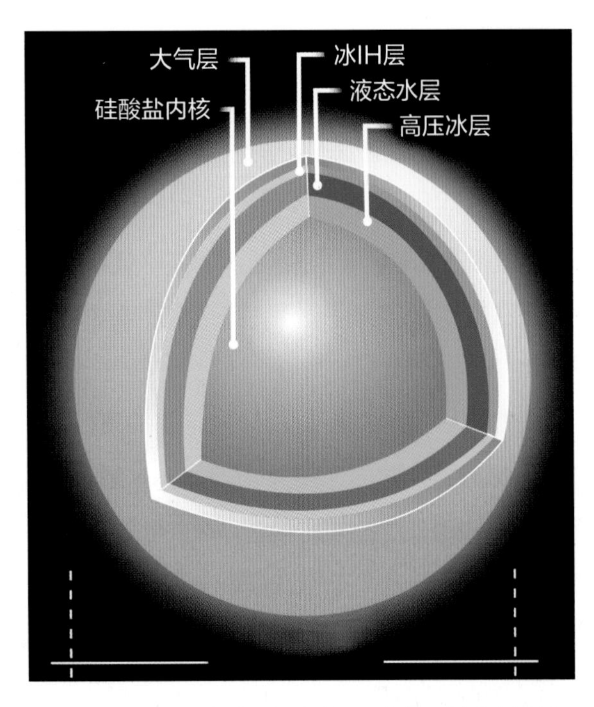

上图　土卫六的内部构造。在大气层与冰 HI 层（冰 HI 是水的六方晶形，是最为常见的一种晶体形态）之下可能会有大量的液态水。

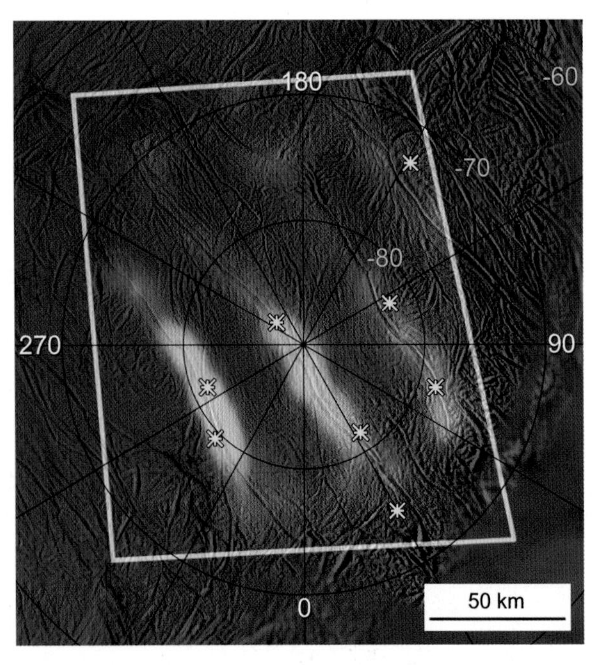

上图　“虎斑纹”是土卫二表面温度较高的区域。图中黄色小星星代表喷射出富含水蒸气物质的点位。图片来源：美国国家航空航天局 / 加州理工学院喷气推进实验室 / 戈达德航空航天中心 / 西南研究所 / 宇宙科学研究所。

颗碳原子。所有这些特征都预示，土卫二冰层下的环境可能类似地球上的海底热泉——由于富含重要养分，这里也许是地球生命的诞生地之一。而土星最大的卫星土卫六的主要特点则在于其表面覆盖有大片的液态碳氢化合物，有的地方简直就是这些物质构成的海洋。但是，这颗星的表面之下可能也有洋流。

之所以会有这样的推测是因为“惠更斯号”登陆器在靠近土卫六表面时检测到了极低频率的无线电波，而这些电波的来源目前尚不清楚。科学界普遍认为无线电波实际上是可以完全穿透土卫六的，但是如果土卫六的表面冰层下有深度为50—100千米的海洋，无线电波就会在冰层与水面之间的隔离层上发生反射。此外，对比2005年10月和2007年5月拍摄到的土卫六照片，可以看出其表面冰层的位置明显发生了改变，移动距离最远达30千米，这一现象只能用冰层下有液体流动予以解释。2014年，加州理工学院喷气推进实验室的一些科学家们提出，结合“卡西尼号”探测器发回的重力数据，土卫六上的这片海中钾、钠、硫的含量也许非常高，堪比地球上的死海。

而关于土卫一、海卫一以及冥王星这些星球表面之下的海洋，由于缺少相关数据，目前还只能是一些猜测，尽管它们的存在将有助于解释这些星球的各种特征，例如土卫一的密度非常低（仅为水的1.7倍）、海卫一内部岩石放射性衰变产生热量以及“新视野号”探测器①在冥王星上观测到古冰火山结构。

更仔细地端详一下土卫六

“惠更斯号”登陆土卫六，这是人类探测器第一次降落在比火星更远的天体上。按照设计，“惠更斯号”能在穿越土卫六大气层的几个小时中保持完好，登陆后还能再坚持一段时间。的确，该登陆器于2005年1月14日11点13分进入土卫六大气层，并于13点34分降落在星体表面。与其脱离的“卡西尼号”母体探测器也一直能够接收到它发出的信号，直到15点44分，随着土卫六的转动，登陆器也离开了探测器的视野。至此，“惠更斯号”任务大功告成，虽然整个过程仅持续了四个多小时，但是

① “新视野号”（New Horizons）又译为“新地平线号”，是美国国家航空航天局于2006年1月19日在佛罗里达州卡纳维拉尔角肯尼迪航天中心发射升空的冥王星探测器，其主要任务是探测冥王星及其最大的卫星卡戎，以及探测位于柯伊伯的小行星群，它是第一艘飞越和研究冥王星及其卫星的空间探测器。

来自另一个世界的声音

“惠更斯号”探测器装载的“惠更斯号”大气结构探测仪（Huygens Atmospheric Structure Instrument，缩写为HASI）上安装了许多传感器，其中就有一个麦克风。就这样，人类首次于2005年记录到了来自另一个天体的声音。在相关网站上（https://www.esa.int/Science_Exploration/Space_Science/Cassini-Huygens/Sounds_of_an_alien_world/），人们不仅可以听到“惠更斯号”进入土卫六大气层时的声音，还可以听到它在着陆前的最后几千米中土卫六表面反射的雷达“回声”。

人类在其中获取的信息也许穷尽毕生都无法完全解读。

土卫六的大气中氮气含量超过 97%，并且非常活跃，经常形成云团和降雨。由于距离太阳十分遥远，土卫六的表面温度非常低（约为 -180℃），上空的云团成分也并非水蒸气，而是甲烷和乙烷，它们随着降雨汇集到极地周围的海洋和湖泊中，之后再重新蒸发，有点类似地球上的水循环。土卫六大气中还包括甲烷（约 2.7%）、氢气（0.1%—0.2%）和少量其他气体，地表大气压约为地球的 1.5 倍。

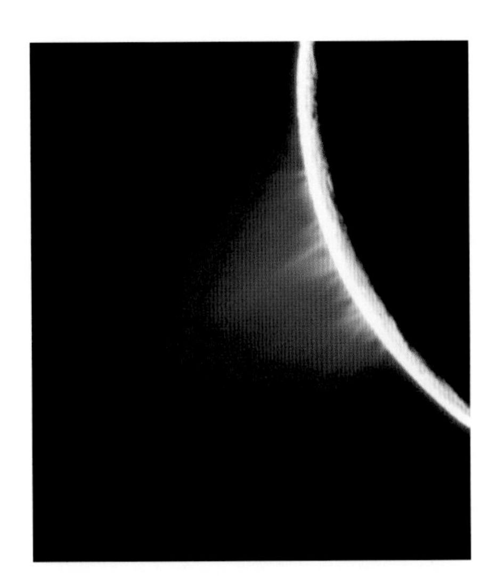

上图　土卫二南极地区的间歇泉。图片来源：美国国家航空航天局 / 加州理工学院喷气推进实验室 / 太空科学研究所。

此外，土卫六大气中还存在大量的碳氢化合物，它们在更高的位置形成一团奇异的紫色雾气，将土卫六包裹起来。不过，这团雾气好像不是一直存在。通过将两架“旅行者号”探测器于 1980 年和 1981 年拍摄的图像和测量数据与“卡西尼号”在 2004—2017 年获得的相关信息进行对比，2018 年，加州理工学院喷气推进实验室的科学家联合相关高校在《自然 · 天文学》杂志上发表研究成果证实了这一点。

在太阳和土星的辐射下，这层云雾的外围会产生光化学反应，从而持续生成各类有机分子，这其中甚至包括非常复杂的多环芳香烃分子，而后这些有机物像“雪”一样落下，在星球表面形成一个个“沙丘”。

上图　第一幅土卫六彩色图像，由“惠更斯号”在着陆时拍摄。一些石块看上去有液体腐蚀的痕迹。图片来源：欧洲航天局 / 美国国家航空航天局 / 加州理工学院喷气推进实验室 / 亚利桑那大学。

由此看来，不管是在土卫六的大气中还是在其表面，都存在地球生命所需要的各类养分。但是，少了一样非常重要的东西。没错，土卫六上完全没有水，不论是液态水还是水蒸气。也就是说，这颗卫星似乎可以接纳生命，但是又因为表面温度太低而少了一项重要养分。未来，这一情况会发生变化吗？也许会的。再过大约 50 亿年，太阳将变成一颗红巨星。到那时，土卫六的表面温度将升至 -70℃，外围的雾气将彻底消散，大气层中的甲烷将产生温室效应，从而使其表面温度进一步升高。此后，太阳将在接下来的约 20 亿年中继续作为红巨星存在，其间，土卫六上也许就会有生命诞生。

探索地外海洋

2019 年，美国国家航空航天局制订了一项名为“海洋世界探索计划”（Ocean Worlds Exploration Program，缩写为 OWEP）的太阳系海洋探索计划。该计划旨在找到可能存在海洋的天体，进而明确其特征、评估其是否宜居，并且在上面寻找可能的生命。探索这些海洋可以帮助我们去更好地了解地球生命的出现与演化过程——这些过程目前对我们来说仍是未知。“欧罗巴快船”是该计划的第一项任务产物，而下一个“蜻蜓”任务将会向土卫二发射探测器。

上图　“蜻蜓”任务将使用到无人机，在土卫六表面飞行。图片来源：美国国家航空航天局。

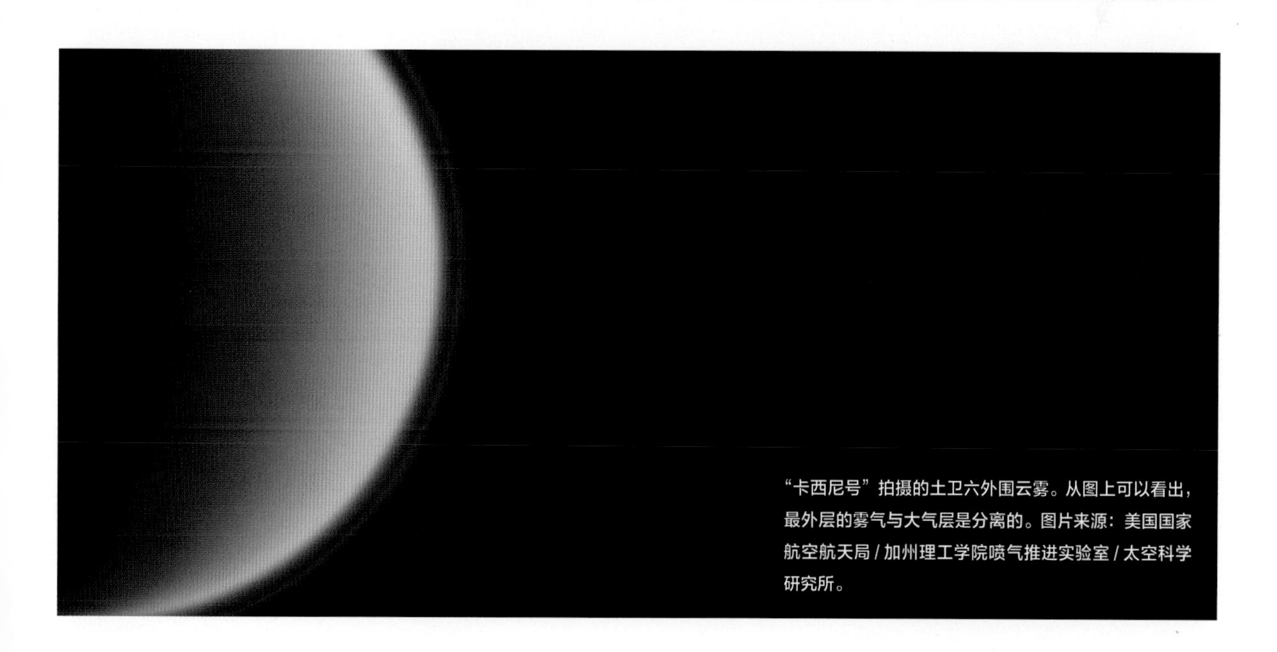

“卡西尼号”拍摄的土卫六外围云雾。从图上可以看出，最外层的雾气与大气层是分离的。图片来源：美国国家航空航天局 / 加州理工学院喷气推进实验室 / 太空科学研究所。

太阳系中的海洋

太阳系中表面或地下可能存在海洋的行星与卫星一览（表面有海的只有地球）。据观察，木卫二、土卫二等星球的地下海较为活跃，与地表有物质交换，因此这些星球上可能会有生命存在。图片来源：改编自美国国家非正式 STEM 教育网络的一幅图片。

木卫三–甘尼米德

（与地球）尺寸对照

与太阳相距：5.2 AU
海洋状况：封闭
海洋位于地下，不太可能有生命。

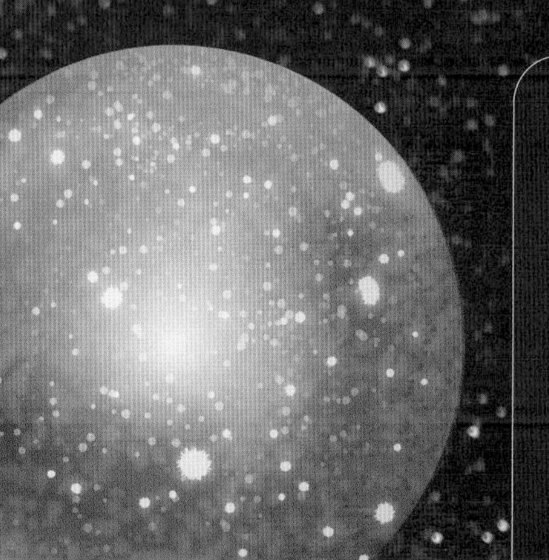

木卫四–卡利斯托

（与地球）尺寸对照

与太阳相距：5.2 AU
海洋状况：封闭
海洋位于地下，不太可能有生命。

土卫二–恩克拉多斯

（与地球）尺寸对照

与太阳相距：9.5 AU
海洋状况：活跃
有动态海洋，可能会有生命。

土卫六–泰坦

（与地球）尺寸对照

与太阳相距：9.5 AU
海洋状况：封闭
可能有地下海洋，因此不太可能有生命。

第五章

构成生命的化学元素

所有生命体都会用到碳、氢、氧、氮、磷和硫这些化学元素。因此，寻找生命意味着要先寻找能够利用这些元素的组织结构。

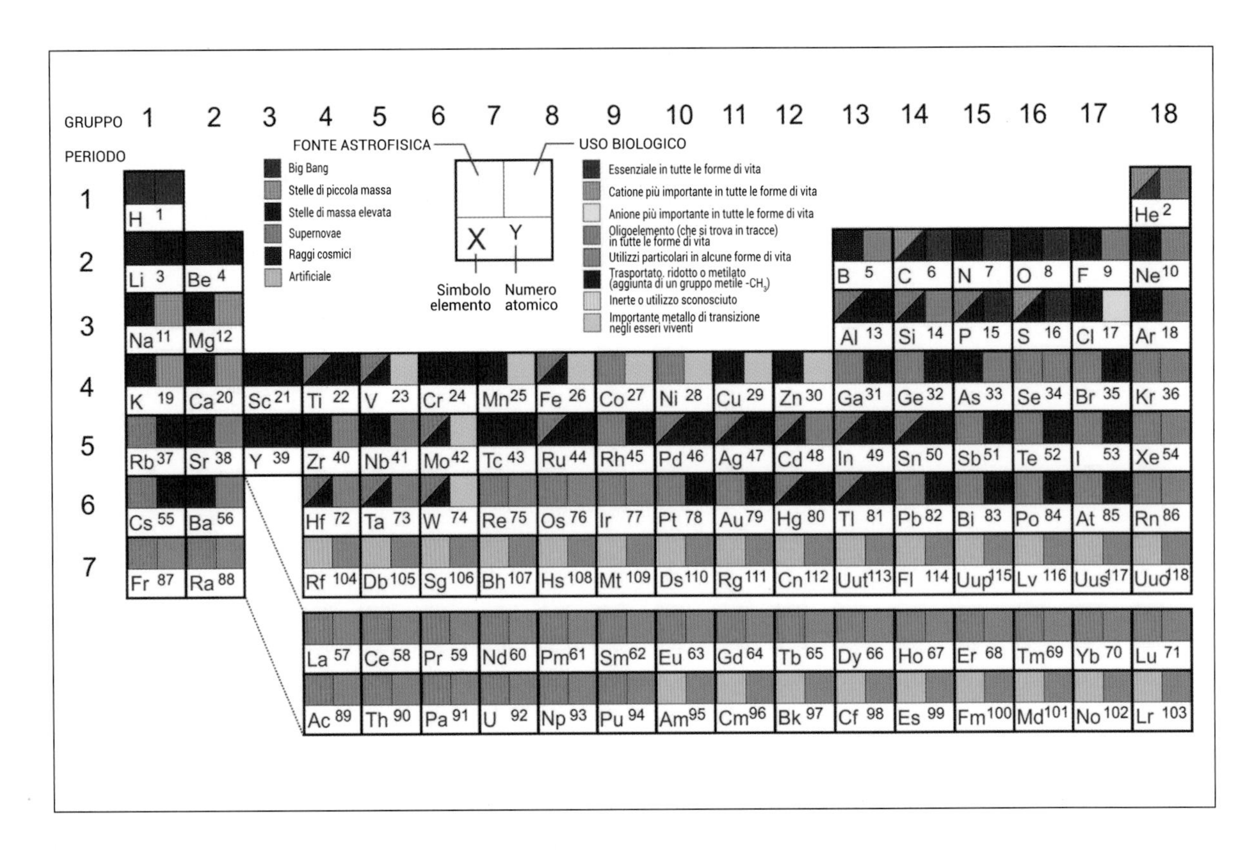

上图　天文生物学元素周期表，由爱丁堡大学物理与天文学学院天体生物学教授、英国天体生物学中心主任查尔斯·科克尔于 2015 年绘制。除了相关元素及其原子序数外，每个方格中还标注了该元素的起源及其在生命体中的作用。图片来源：沃凯特 .L.P.，道奇 .A.G.，埃利斯 .L.B.M. (2004 年)。《应用与环境微生物学》(*Applied and Environm ental Microbio logy*) 第 70 卷，647–655 页。

为了更好地理解人类在地球之外寻找生命的做法，我们可以换个视角，想象某一外星物种向太空发射了一架自动探测器去寻找生命。接下来，我们假设这架探测器——类似于人类发射到其他星球上的各种探测器——来到了地球，然后启动它的各种仪器开始检测。

像许多从地球上发射的探测器一样，外星探测器可能也是由一个轨道器（它会绕着地球飞行）和一个登陆器组成。不过，也许在一些我们尚不了解的技术支持下，登陆器在来到登陆点的途中不但可以将地球上的所有环境（湖泊、沙漠、河流、岩石等）尽收眼底，还能在着陆后使用各种光波对地球进行全方位的扫描。也就是说，它可以辨别出任意一种生物——小到细菌，大到鲸鱼——并分析它们的化学成分。

此外，它还应当存储有“生命体”这个概念。也就是说，它的设计者已经解答了困扰人类的千古谜题：“生命体和非生命体的区别到底是什么？”

前页图　超新星爆发产生的尘埃效果图。这些尘埃颗粒将恒星诞生和爆炸过程中形成的化学元素带到了整个宇宙中。图片来源：欧洲南方天文台 /M. 科恩梅瑟。

“生命体”的操作性定义

对此，我们首先想到的当然是其化学成分。元素周期表中有 100 多种元素，但用来构成生命体的基本元素其实只有六种：碳（C）、氢（H）、氧（O）、氮（N）、磷（P）和硫（S）。实际上，从含量上看，钙元素也能纳入此列，可它却又是唯一被细菌和复杂生命体“区别对待”的元素——前者排斥它，后者则利用它形成骨骼等支撑结构。

这些元素组合有各种各样的缩写名称，如 CHONP(S) 和 CHNOPS 等。因此，寻找含有这些元素的分子构成的组织结构是将其视为生命体的第一个要求。

可是，化学成分仅仅是辨别生命体的依据之一。例如，每种有机体都需要利用某些化学反应生成能够储存能量的分子，日后有需要的话再将其调用出来。有机体不同，其进行的化学反应也不同，从光合作用（在植物细胞、藻类和一些细菌中进行）到呼吸作用（典型的动物细胞反应），再到不太常见的无机营养过程（仅有几种细菌采用这种方式，从含有硝酸盐和硫化物中的矿物中获取养分），所有这些反应的最终目的都是引发“氧化磷酸化”[①]。在这个过程中，本身已有两个磷原子的腺苷分子再与一个磷原子化合，从而生成 ATP （三磷酸腺苷）。储存在 ATP 中的能量在需要时可以被调用。

此外，生命体还应当能够繁殖。所以，在对某种生物观察足够长的时间之后，应当能看到和它性状相似的后代，这取决于相关物种体内一些分子中的遗传信息，比如 DNA 就包含生命体表现出来的遗传密码。不过，以上这些特征至少有两种也可能会出现在晶体上，因为有些晶体的分子中含有我们前面提到的六种元素，而且晶体能够进行自我复制。不过，生物与非生物之间还有一个重要区别：生物能够在自然选择的作用下发生进化，不断地去适应周围环境；而晶体却始终不会改变。的确，DNA 的每次复制都不是完全一样的。受外界环境或机体自身原因影响，DNA 在复制过程中会出现一些变

① 氧化磷酸化（Oxidative Phosphorylation，缩写为 OXPHOS）是细胞的一种代谢途径，该过程在真核生物的线粒体内膜或原核生物的细胞膜上发生，使用其中的酶及氧化各类营养素所释放的能量来合成三磷酸腺苷（ATP）。

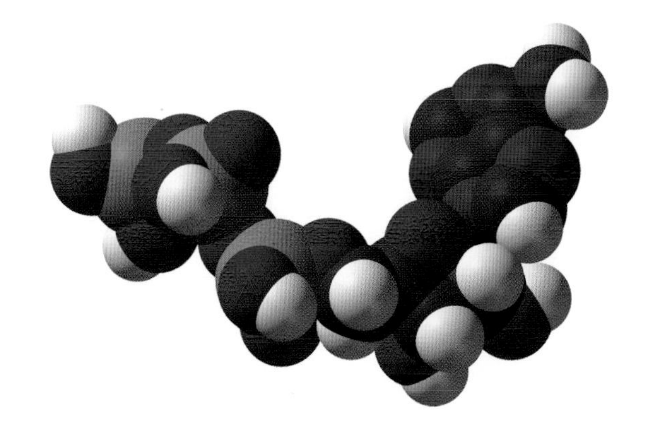

上图　三磷酸腺苷（ATP）结构示意图。赭石色球体代表磷原子，与红色的氧原子结合成为磷酸基团。

上图　生物特殊适应例子——星鼻鼹（Condylura cristata），这种动物几乎没有视觉，但却进化出了极其灵敏的嗅觉，能够在 120 毫秒内识别并吃掉猎物。图片来源：肯尼思 · 卡塔尼亚。

化，这些变化或多或少地会改变后代的遗传密码，进而使其性状发生改变，变得更加适应（或不适应）周围环境。

如果我们在这一章开头时提到的外星探测器设有相应程序去探索符合这些标准的组织结构，那么它就会观察到，地球上的每种环境中其实布满了各类生物。

一些说不准的情况

不过，这架探测器应该还会遇到一些说不清是生物还是非生物的东西。这其中就包括病毒、噬菌体、纳诺比和朊毒体。

病毒具有专性寄生性，也就是说它们需要借助其他细胞进行繁殖。它们不会利用 ATP 分子（病毒简单的构造不具备生成 ATP 的分子机能），而是会使细胞消耗自身存储的养分帮助其不断复制。病毒的结构通常都十分简单（像脊髓灰质炎病毒，仅由一条单股 RNA 和蛋白质外壳组成），但是它们却能够不断演变和进化。

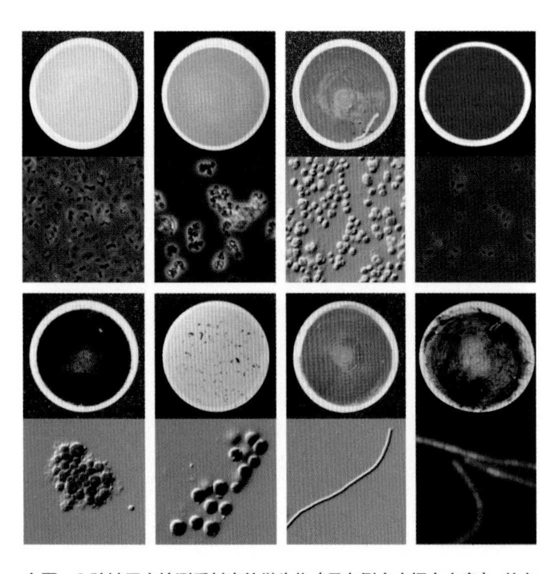

上图　8 种被用来检测反射光的微生物（见左侧文本框中内容）。从左上到右下依次为：芽孢杆菌属（采自美国亚利桑那州索诺兰沙漠）；节杆菌属（采自智利阿塔卡马沙漠）；原壳小球藻（采自一棵白杨树的树液）；外硫红螺菌属 BSL-9 型（采自美国内华达州大苏打湖）；鱼腥藻属（含荧光绿蛋白，采自一处淡水池塘）；胶鞘藻属（采自帕劳卡莫里水道）；紫球藻（采自美国密苏里州布恩立克遗址公园盐泉镇上的一些老旧木制手工艺品）；皮果藻属（采自美国加利福尼亚州拉霍亚度假区水族馆的回流水）。

拓展阅读
通过观察反射光来寻找生命

来自德国海德堡马普天文研究所、美国康奈尔大学以及美国国家航空航天局的一群研究人员组成的科研团队研究了 137 种体内含有色素的微生物在可见光以及红外光下反射出的光线特点——这些微生物采自地球上的大量不同环境，这其中不乏一些极端环境——之后将研究结果发表在了《美国国家科学院院刊》上。实验表明，在可见光下，微生物的反光特性由体内色素主导；而在红外光下，科学家却注意到大量的光被细胞水合作用中的水所吸收。这项研究旨在建立起一个光谱数据库（同时也是生命印迹数据库），在将来使用下一代观测仪器对距离较近的系外行星表面进行更加细致的分析时发挥作用，以了解那里是否有植物生存。

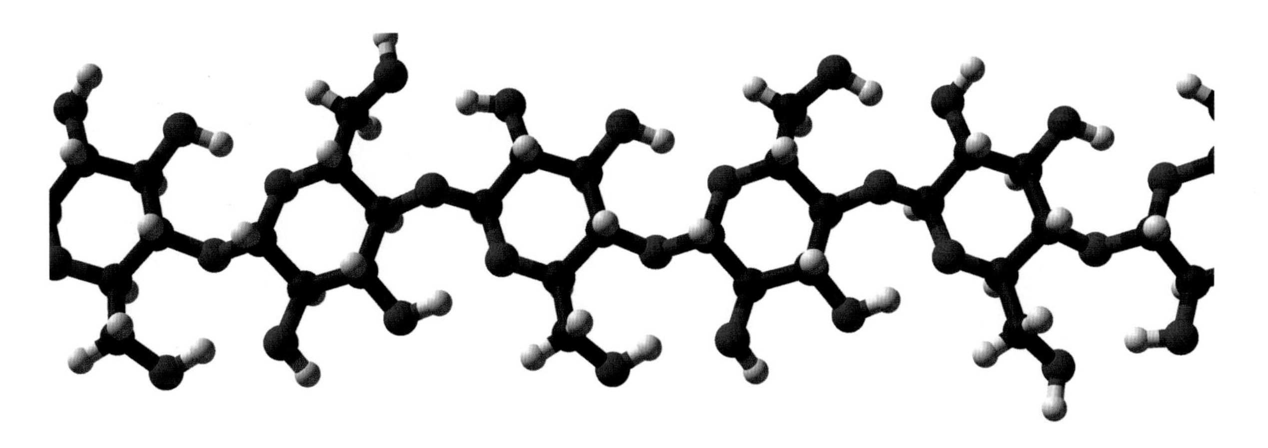

上图　一个纤维素生物分子结构示例。图中灰色的是碳原子，红色的是氧原子，白色的是氢原子。图片来源：本·米尔斯。

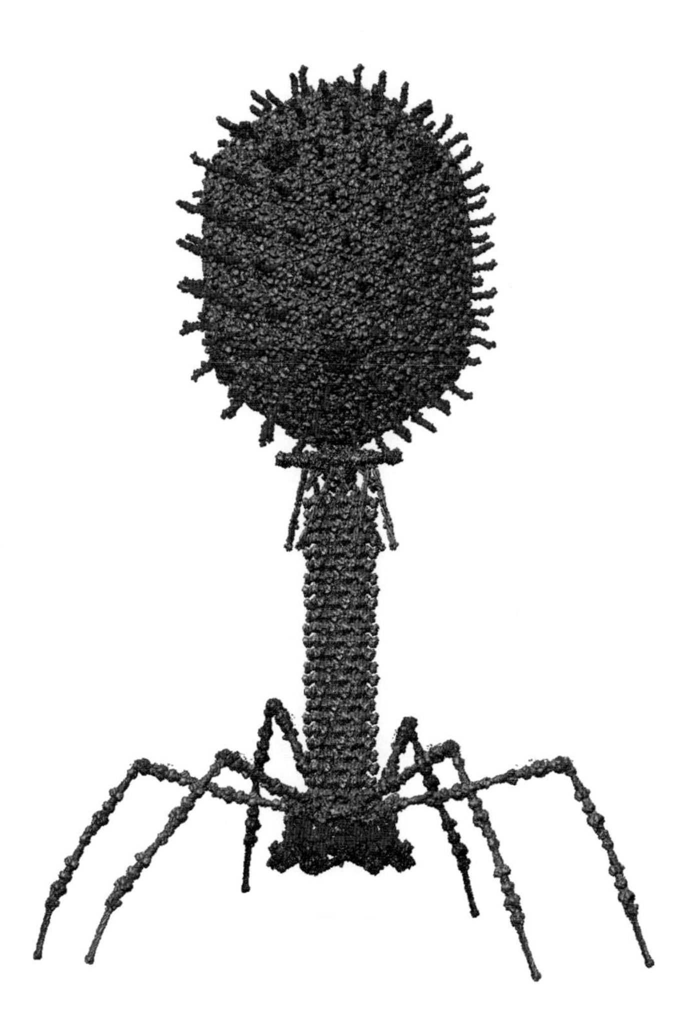

上图　T4 噬菌体原子结构模型。图片来源：Victoramuse (CC BY-SA 4.0)。

噬菌体则是一种特殊病毒，它只攻击细菌，却不伤害其他类型的细胞。噬菌体的结构稍微复杂一些，它有一个头部，其中的遗传物质会被注射进受到感染的细菌体内；此外还有一些纤维，可以帮助其吸附在受感染细菌的外膜上。不过，前面提到的病毒的各种特性，它也都具备。至于纳诺比，这是一种在岩石和沉积物中发现的细小丝状组织。由于体内含有 DNA，纳诺比在一些科学家看来是最小的生命形式，其大小是最小细菌的十分之一。不过，纳诺比也不具备产生 ATP 的分子机能。

最后来看朊毒体，它也具备传染性，但是结构比病毒和纳诺比更简单，仅由蛋白质组成，连核酸都没有。因此，朊毒体不仅缺乏合成 ATP 的分子机能，它的演化方式也独具特色。总之，不管是病毒、噬菌体，还是纳诺比和朊毒体，它们都不能同时满足前面提到的四项生物标准，因此探测器也就无法将它们归于“活物”一类了。

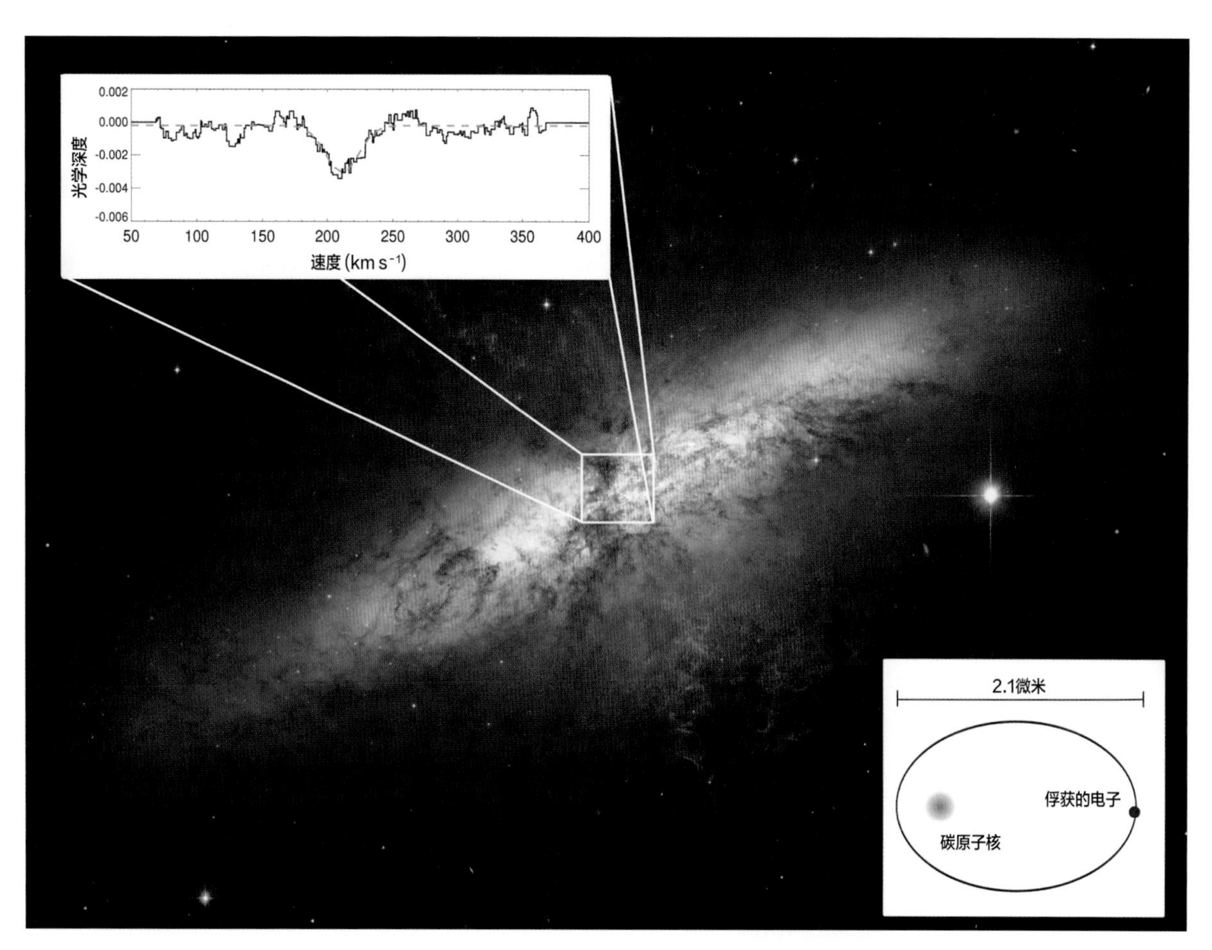

上图　M82 星系，该星系中检测到了碳原子，但是又与普通的碳原子有所不同。图片左上角方框中显示的是碳元素在星系核心光谱中的谱线（可以看到其最低水平）；右下角方框中则是该星系中检测到的特殊碳原子的可能结构，相比普通碳原子要更大一些。的确，同一颗碳原子，在太空中的体积可以是在地球上的 10 亿倍。图片来源：美国国家航空航天局、欧洲航天局和哈勃遗产小组（哈勃太空望远镜科学研究所 / 美国协会大学和研究所）。

基本元素：碳

现在，我们来仔细地看一看这些构成生物体的基本化学元素。就先从地球上所有生物都有的一种元素开始吧——不论是庞大的鲸鱼，还是细小的微生物，体内都存在这种元素，它就是碳。

在最常见的稳定结构中，碳原子的原子核内有 6 个质子和 6 个中子，核外排布着 6 个电子。乍看之下，碳好像没有什么特别之处；不过，它在自然中的形式和特性却非常丰富，从石墨到钻石，从微小细管（碳纳米管）到由几百颗原子构成的特殊晶状结构（富勒烯）。

同时，碳原子还展现出绝对的“百搭”属性，在含碳化合物中，碳原子可以与 2 个、3 个乃至 4 个碳原子或其他原子相连。据估算，用这种方式，碳原子可以与其他原子构成至少一千万种化合物。此外，碳原子参与形成的化学键非常稳定，许多生物大分子的骨架都是由长长的碳原子链构成的。

碳的丰度在宇宙中位列第四（占比 0.5%），排在氢和氦（两者占比 98%）以及氧（1%）之后。

如同我们前面看到的那样，恒星（特别是巨星和超巨星）内核中三颗氦原子相撞聚变生成碳元素。之后，恒星消亡时，碳元素和其他元素一样，被释放到了宇宙中。

地球上的生物都处在生物地质化学循环[①]之中，能够持续地将自然环境（大气、地壳、海洋）中的无机碳转化到有机分子中，而后这些碳元素再随着呼吸作用、光合作用或者生物自身分解消亡回到自然环境中。碳元素大量存在于各种地球生命中，具有至高无上的地位，尽管这一点被卡尔·萨根称为“碳沙文主义”[②]，但是能取代它的元素还真不多。其他元素（像硅或者硫）要么不像碳元素那样具有很强的结合能力，要么就是在宇宙中的含量要低得多。

氢

另一种常见于生物分子中的元素是氢。如果说碳的作用是构建框架，那么生物分子中的氢在某种意义上则是参与形成化学键，打造生物分子的空间结构，对于生物分子的功能运转至关重要。比如，蛋白质失去其三维结构的话（术语称为“变性”），就不会再发挥任何功能，尤其是参与构成酶（各项生化反应的催化剂）的蛋白质。

氢的这项能力通过氢原子之间或者氢原子与其他原子（如氧、氮或氟）之间形成的“氢桥键”得以体现，这是生物界中广泛存在的一种电化学键。

我们之前说过，宇宙中氢的含量遥遥领先于其他元素，可是它在地球大气中的体积仅占 0.000055%。的确，氢气分子（H_2）仅仅由两个质子和两个电子组成，由于太轻，地球形成之初大气中的氢分子现在已经消散在了宇宙中，这是因为在与

通过光谱学估算的银河系丰度排名前十位元素

原子数	元素	质量比例（百万分率）
1	氢	739000
2	氦	240000
8	氧	10400
6	碳	4600
10	氖	1340
26	铁	1090
7	氮	960
14	硅	650
12	镁	580
16	硫	440

① 生物地质化学循环（Biogeochemical Cycle，又称作生态系统的物质循环）在生态学上指的是化学元素或分子在生态系统中划分的生物群落和无机环境之间相互循环的过程。这使得相关的元素得以循环，尽管实际上在某些循环中化学元素被长期积聚在同一个地方而不发生移动（如海洋或湖泊的水）。

② 碳沙文主义（Carbon chauvinism）是一个新词，其内涵为质疑目前基于碳的化学与热力学性质，质疑外星生命皆由以碳为骨架的有机物构成假说的真实性。

次甲基键

碳和氢构成的最简结构是 CH，名字叫作“次甲基”或“次甲基官能团”。该结构在体现碳的结合能力以及氢的“构建”功能上堪称典范。的确，他能够呈现出 4 种不同形式：可以是异常活跃的自由基，含有三颗电子——两颗来自碳原子，一颗来自氢原子——随时准备与其他基团、原子或分子相连；还可以形成三个单键基团，或一个三重键基团，又或者一个“双键 + 单键”基团。特别是最后这种形式，对生物界来说十分重要，因为它就像一座“桥”，可以将重要的生物分子连接起来，就像卟啉类化合物（其中人们最熟悉的就是叶绿素）那种结构一样。

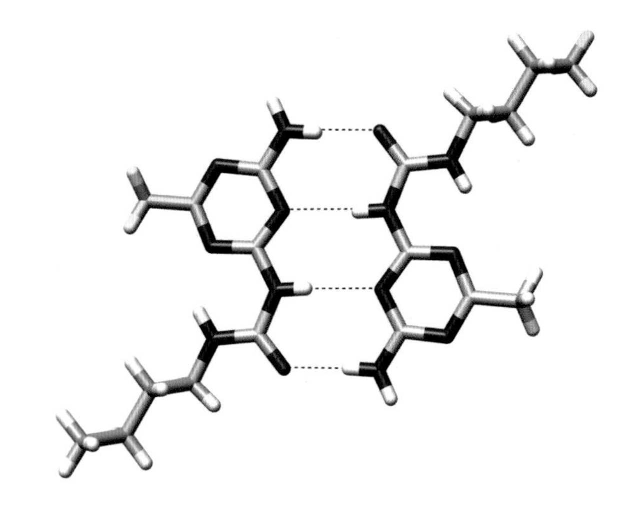

上图 由氢桥键（灰色短棒）相连的两个分子，其中有的氢桥由氢（白色）与氧（红色）构成，有的由氢与碳（蓝色）构成。

其他分子发生碰撞之后，这些氢分子获得了足够高的速度，飞出了地球重力场。

除了存在于生物体内外，大量的氢原子还与氧原子化合成水分子（H_2O），像我们所见到的那样，广泛地分布在地球的每一个角落以及整个宇宙中。

氧：汝之蜜糖，彼之砒霜

作为宇宙中的第三大元素，氧也是生物所需的基本元素之一。所有的生物分子（除去个别例外）都含有至少一颗氧原子。氧气在呼吸作用中起着重要作用，这是它的主要功能之一——尽管还有一些所谓的“厌氧生物”，它们安安静静地生活在地球上，氧气对它们来说毫无用处，甚至有毒。

氧气由光合作用产生，每个氧分子由两个氧原子构成。氧气是继氮气之后地球大气中含量第二多的气体，约占总体积的 21%；氧元素在地壳中的含量也遥遥领先，占元素总量的 46%—47%（硅元素排第二，但占比仅为 27%）。但是之前情况并非如此。在相当长的一段时间里——从大约 45 亿年前地球形成到大约 35 亿年前最初的生命形式出现——原始地球上没有游离氧，氧原子只能与两个氢原子结合，形成海洋中的水。

又过了 5000 万年，大气层中才开始出现相当数量的游离氧。不过，起初它会与海洋中的铁原子相结合，生成一些沉积物。就这样一直到大约30亿年前，海洋中这种铁氧化合物的含量已经饱和，于是，彻底自由的氧原子开始在大气层中“放飞自我”。这很有可能导致了后来的“大氧化事件”。该事件发生

火星上的氮

2012 年，“好奇号”火星车降落在火星上，并且在探索着陆地点盖尔陨石坑时于土壤和岩石样本中发现了亚硝酸盐与硝酸盐。虽然稀薄的火星大气中氮气含量极低，但是“好奇号”的发现却证明火星上还是有氮元素存在。这个发现非常重要，因为氮元素被视作构成生命的基本养分之一。目前尚不清楚这些化合物的来源：一种说法是它们随着小行星的撞击被带到火星表面。

在距今 24 亿—20 亿年前的古元古代，是地球历史上五次生物大灭绝之一，消灭了当时地球上绝大多数的厌氧生物。

在那之后出现的生物则变得适应在富含氧气的环境中生存。如今，地球上的厌氧生物数量依然很少，它们大部分是细菌，此外还有一种名叫黏孢子虫的多细胞生物，寄生在一些三文鱼体内。

重要生物分子的基础：氮

地球生物体内有许多分子发挥着重要作用，在这些分子中，除了碳和氢外，另一种常见元素就是氮。氮元素丰度在宇宙中位列第七，总含量占比 0.1%，产生于恒星中的碳氢核聚变反应。

氮气（N_2）是地球大气中含量最高的气体，占总体积的 78%。氮元素还出现在许多生物分子中，

左图　加利福尼亚州的莫诺湖，这里发现的一些细菌在特殊环境条件下可以利用砷元素作为养料。图片来源：Octagon (CC BY 3.0)。

“好奇号”火星车在火星盖尔陨石坑中的“自拍”，由数十张不同角度的图片拼接而成。

靠砷生存的细菌

2010 年，科学家在美国加州的莫诺湖发现了一些细菌（名为 GFAJ-1），它们似乎能够用砷元素代替磷元素作为养料。随后的实验表明，这些细菌确实能够耐受湖水中大量的砷，但是完全无磷的环境却会抑制它们的生长。对这些细菌来说，利用砷元素只是在周围环境危及生存时的无奈之举。

如蛋白质与核酸。此外，它还是动物排泄物的重要组成成分——在许多情况下，动物会通过形成一种名叫尿素的化合物来排除新陈代谢中的含氮产物。

氮也有自己的循环方式，因为动植物无法直接从大气中获得氮。特别是植物，他们需要依靠一种“固氮细菌”，这些细菌通常生活在豆科植物的根系中。氮元素以这种方式进入食物循环中，被动物摄入体内之后参与合成蛋白质与维生素，最后随排泄物重新回到土壤中。

硫元素与磷元素

我们来看最后两种常见于生物分子中的元素：硫和磷。硫元素由恒星中的硅核与氦核结合生成，丰度在宇宙中排名第十（占元素总量的 0.05%）；磷元素在宇宙中的含量则不高（0.0007%），产生于超

寻找 CHONPS

要想在银河系其他地方找到生命所必需的化学元素，可以使用强大的广角望远镜和光谱仪，系统地扫描大片天空。2000 年开启的“斯隆数字巡天计划”（Sloan Digital Sky Survey，缩写为 SDSS）就是这样做的，该计划使用的光学望远镜位于新墨西哥阿帕奇岬，口径达 2.5 米。在美国天文学会第 229 次学术会议上，SDSS 团队展示了他们在该计划中检测到的 23 种元素，并突出强调了在银河系中约 20 万颗恒星中检测到了生命基础元素（CHONPS）。研究人员还注意到，那些聚集在银河中心区域且较为古老的恒星中这些元素的含量更高。这也从一个角度说明，构成生命的元素一开始聚集在银河系中心，之后才扩散到了周边区域。

上图　“斯隆数字巡天计划”使用的 2.5 米口径望远镜，它的任务是在银河系的恒星中寻找构成地球生命的化学元素。图片来源：斯隆数字天文巡天。

仙后座 A

哈勃太空望远镜拍摄的“仙后座 A”超新星遗骸。距离地球约 11000 光年，生成自 17 世纪末的一次恒星爆炸。2013 年，其内部发现了大量磷元素和其他元素，它们正是在那次爆炸中生成的。图片来源：美国国家航空航天局、欧洲航天局和哈勃遗产小组（哈勃太空望远镜科学研究所 / 美国协会大学和研究所）- 欧洲航天局 / 哈勃望远镜合作项目，特别鸣谢：罗伯特 · 费森（美国达特茅斯学院）和詹姆斯 · 朗（欧洲航天局 / 哈勃望远镜）。

上图　猎户座星云照片，由三张透过不同滤镜拍摄的图像叠加而成，突出显示了硫（红色）、氢（绿色）、氧（蓝色）三种元素的释放。图片来源：拉塞尔·克罗曼。

新星爆发。例如，2013 年，一支国际天文学家团队通过帕洛马山天文台上的望远镜在超新星“仙后座 A”爆炸后的遗骸中观测到了大量的硫元素。

作为生物新陈代谢中的重要成分，硫元素主要出现在半胱氨酸和甲硫氨酸中。

磷元素则存在于两大重要组织中：一个是细胞膜，它将细胞包裹起来，形成一个独立的环境，细胞通过它与外界进行物质交换（养料进来，产物出去）；另一个是细胞的储能系统，由一个腺苷分子与三个磷原子相连而成，这三个磷原子可以在必要的时候依次脱离腺苷从而释放能量。

太空中的分子

因此，在来到地球之后，我们的外星探测器就会在生物体内识别出含有 CHONPS 这些元素的分子。可是，这对它来说是第一次吗？有没有可能，在来到地球之前，它就已经在太空中遇到过一些这样的分子了呢？目前我们所了解到的是，从无线电波的观测结果来看，它不仅遇到了不止一种，甚至有的还具有相当复杂的结构。

每种分子都会以自己的方式吸收能量（例如从恒星那里）并予以释放，返回到自然状况下的最小能量状态，能够以一种标志性的频率发射能量。通过研究这些发射现象，能够判断出它们来自哪种分子或分子集团。采用这种方式已经在太空中检测出超 200 种分子，其中既有简单的双原子分子（由两颗原子组成的分子），也有包含 10 个乃至更多原子的分子。例如，次甲基基团（CH）早在 1937 年就被发现；而 20 世纪 90 年代末，人们甚至在宇宙中发现了富勒烯分子，这是一种形式非常特别的碳分子，最多可容纳 70 颗碳原子。

所有这些分子都形成于星际尘埃颗粒的表面，利用穿透宇宙的辐射能量逐渐沉积（否则，接近绝对零摄氏度的寒冷外太空中是不会产生任何化学反应的）。

位于阿塔卡马沙漠中的 ALMA（Atacama Large Millimeter Array，全称：阿塔卡马大型毫米波/亚毫米波阵列）射电望远镜分别于 2012 年和 2019 年在宇宙中识别出了羟乙醛（$HOCH_2-CHO$）和乙醇醛（$HOCH_2-CN$）两种单糖分子，两者都处于由两颗恒星组成的 IRAS 16293-2422 双星系统中。这是一项重要发现，因为由此一来，在这些恒星周围形成的行星也就有可能已经具备这些单糖，它们被认为是 RNA 等分子的前身——要知道，作为一种“信息分子”，RNA 是可以在活性细胞中合成蛋白质的。

不过，在浏览这份宇宙分子名单时，会发现其中缺少了非常重要的一项。宇宙中从来没有出现过氨基酸的踪影（也许甘氨酸是个例外，因为它出现在了一些陨石和彗星上，但是迄今在宇宙空间中没有确切证据能证明他的存在）。这意味着，就算宇宙中的化学反应能够生成氨基酸，它们也会迅速被太空中

上图　ALMA 望远镜的 66 座天线（部分），仰望着智利安第斯山脉上空常年可见的璀璨星河；这里海拔约 5000 米，建有天文台。这些天线可以用不同配置方法排成阵列进行工作，共同组成了这套世界上最强大的射电天文观测设备。它是多方努力合作的成果，欧洲、美国、加拿大、日本、韩国、中国台湾以及智利都参与了相关建设。设备于 2013 年 3 月投入使用，2018 年 6 月，第 1000 项基于其观测数据的科研成果问世。图片来源：欧洲南方天文台/B. 塔弗列西（twanight.org）。

右图："南极陨石搜寻"计划（Antarctic Search for Meteorites，缩写为 ANSMET）科考队员正在收集南极洲一带的陨石。南极洲是搜寻陨石的绝佳去处：一来，这些深色的石头在冰面上非常醒目；再者，冰层移动也会将陨石带到特定地点的表面。图片来源：美国国家航空航天局 / 约翰逊航天中心 / 南极陨石探索计划。

极强的紫外线辐射毁灭。除非这些氨基酸生成在某颗行星表面，或者——这是更理想的情况——出现在海洋底部，这样一来水可以形成保护层。如果是这样的话，那么当有大块儿头的陨石撞击到这颗行星时，带有氨基酸分子的碎屑就会被高速抛向太空，变成一颗颗"石子"，要么飞入某颗恒星的重力场中燃烧殆尽，要么像陨石一样落到另一颗行星上去。

所以，原始地球上的一些简单生物分子可能就是这么来的，因为直到现在，每年仍有总重量可达数万吨的物质坠落在我们的地球上，这其中大多数是一些微陨石，直径在 0.05 至 0.2 毫米之间，它们是碳元素的重要来源之一。

此外，由于体积小，这些陨石在穿过大气层时不会产生过高的温度，这样一来，它们所携带的分子们几乎可以毫发无损地来到地球上。

在一些体积较大的陨石中也发现了许多有机化合物。例如，1969 年坠落在澳大利亚维多利亚州的默奇森陨石，科学家在其碎块（重量在几毫克到 7 千克不等）中检测出了上百种有机化合物，其中包括各种氨基酸。而且，这些氨基酸还具备地球生物体内氨基酸的典型特征，它们体现出极强的"手性"，即多数为 L 型氨基酸（又称左旋氨基酸，详见 103 页文本框中内容）。事实上，地球上为数不多的 D 型氨基酸只存在于一些海底生物产生的蛋白质和几种细菌的细胞膜中，还有一些 D 型氨基酸多肽存在于某些动物的毒性分泌物中。除此之外，地球生物体产生的其他所有蛋白质中只有 L 型氨基酸。

目前还没有理论能够解释为什么地球上的生物会做出如此选择。一些人认为，这取决于哪种分子有更强的可用性，而且这种现象是分子混沌运动的必然结果。事实上，2012 年，加利福尼亚大学教授托马斯 · G. 梅森做的一项模拟实验似乎能够证实这种看法。他采用光刻技术将一些分子排列成几个可以重叠在一起的非手性等边三角形，之后将它们放进溶液中，在布朗运动（即分子之间的相互碰撞）的作

拓展阅读

生物分子的手性

化学反应通常会产生同一分子的两种不同结构体，它们被称为“对映异构体”。构成这两种结构的原子一模一样，但是其空间排列却互为镜像，且无法重合。两种异构体具有不同的旋光方式，而生物酶——生物反映的催化剂——则会将它们识别为不同的分子。例如，D 型葡萄糖（或称右旋糖，也可以直接简称为葡萄糖）是光合作用产生的糖类，一般被生物体用作能量来源，广泛分布在自然界中（例如花粉、蜂蜜和甜味水果等）。而 L 型葡萄糖在自然界中含量却不多，也不能作为生物的能量来源，因为它无法被生物体内的己糖激酶识别。因此，它也无法触发相应的化学键断裂反应去释放能量。不过，令人好奇的是，RNA 中的核糖与 DNA 中的脱氧核糖却均为 D 型。

用下，这些分子逐渐形成了左旋手性结构，即 L 形结构。

然而，还有一些研究者对此持不同看法。在华盛顿卡内基研究所地球物理实验室的罗伯特 · 哈森和提摩大 · 费雷以及乔治 · 华盛顿大学的格伦 · 古德弗伦德看来，地球上的原始有机体可能起源自岩石，因为一些在地壳中非常常见的矿物（如方解石）只会选择左旋即 L 形分子。为了证明这一点，他们将一块儿方解石晶体浸入一种名叫天门冬氨酸的氨基酸溶液中，进而观察到氨基酸溶液中的右旋分子和左旋分子分别附着在了晶体的不同切面上。

之后又有一些研究表明陨石中也存在左旋氨基酸。例如，美国国家航空航天局戈达德太空飞行中心的丹尼尔 · 格拉文和杰森 · 德沃金在 2009 年分析了南极洲一带的不同陨石，发现三分之二的样本中含有大量的左旋氨基酸。

该发现也证实了对球粒陨石的分析结果，这是一种特殊陨石，它们来自年龄与太阳系相仿的小行星；在这些陨石中，左旋氨基酸的含量高于右旋氨基酸。看完所有这些，我们也许会想，生物分子的手性特征可能并非由地球赋予，而是从太空“引进”的。就像刚才说过的，默奇森陨石中发现的氨基酸也大多为 L 形。

总之，手性是生物体内分子的一项典型特征。所以，如果其他行星上的分子具备这种特征，那么这也不失为一条线索，用以判断这些行星上是否会有、或是曾经有过生命。

来自太空的物质

英仙座流星雨中的一颗流星进入地球大气层时的景象，拍摄自国际空间站。这些行星际微粒来自一些彗星或小行星，进入大气层后，由于摩擦生热，会在距地表 80—120 千米的高空开始燃烧。未能完全燃尽而掉落在地球表面上的就被称为陨石。人们研究这些陨石的成分，进而去探索有意思的天文生物分子以及其他事情。图片来源：美国国家航空航天局。

第六章 寻找系外行星生命

如果我们将目光放到太阳系之外，就会发现还有不计其数的行星在围绕各自的恒星旋转。不论从何种角度看，这些系外行星都颇具研究价值，尤其是在寻找宇宙生命方面。

可能具备稳定承载生命能力的天体数量众多，质量相差也很大，它们有的是小行星，有的是卫星，还有的则是一些比木星还要大得多的行星。关于太阳系，我们在前几章已经有了初步了解。可是太阳系之外却又有一整个由上千亿颗恒星构成的星系，它们当中有许多又都各自形成行星系统、拥有自己的行星，这些行星叫作太阳系外行星或系外行星，它们围着不同于太阳的恒星旋转。总之，太阳系之外，有许许多多不同的世界。

因此，如今人类寻找系外生命的工作主要集中在识别系外行星方面，尤其是那些与地球有类似特征的行星，以期与地球生命诞生相仿的过程能够再次出现在其他地方。

前页图　一颗表面覆盖有海洋、类似地球的行星沿着开普勒-35双恒星轨道转动效果图。不过，双恒星系中的行星上很难有生命存在。图片来源：美国国家航空航天局 / 加州理工学院喷气推进实验室。

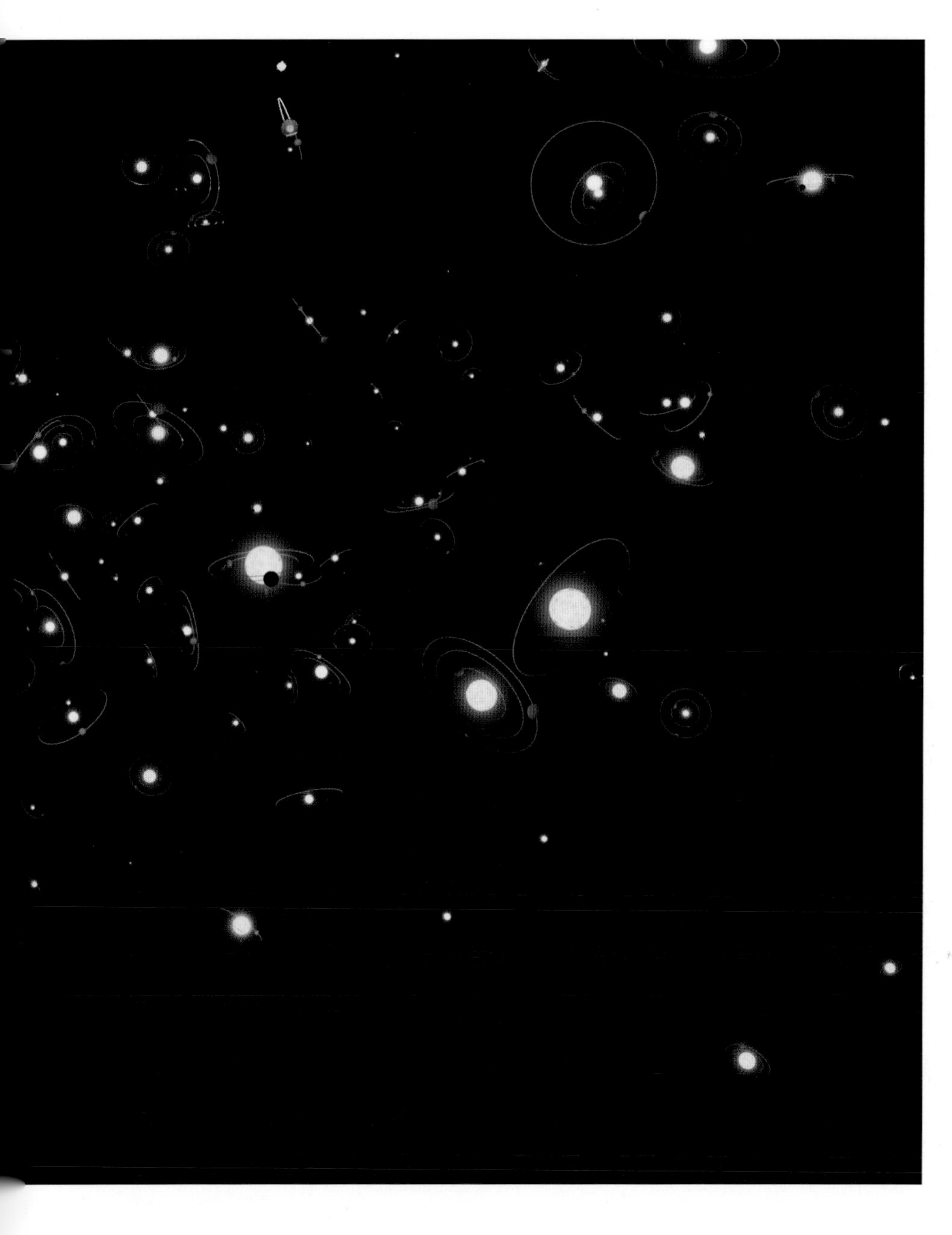

左图　布满行星系统的银河想象图。尽管这幅图上的行星系统并没有按比例呈现，2012年发表在《自然》杂志上一项历时六年的研究却表明，恒星拥有行星星系是常态而非例外。大多数系外行星的质量级与海王星和超级地球相当。图片来源：欧洲南方天文台 / M. 科恩梅瑟。

不过，这项工作的难点在于，系外行星很难被观测识别。尽管长期以来，各种恒星形成理论都提到行星是恒星形成的“副产物”，可是人类真正发现它们也才是近几十年的事儿。原因主要有两点：首先，这些行星自身不会发光，是非常暗淡的星体；其次，它们虽然能够反射出一些微光，但是这片光亮却又“淹没”在了母恒星的光芒中。所以，寻找系外行星的光亮，就像是在熊熊燃烧的篝火旁寻找蜡烛的火苗一样。换句话说，之前人们已经意识到，仅凭望远镜无法直接观测到系外行星，需要想一些其他办法，然后制造设备予以实施。

诺奖级开端

1995 年，瑞士日内瓦天文台的两名天文学家米歇尔 · 居斯塔夫 · 爱德华 · 马约尔[①]和迪迪埃 · 帕特里克 · 奎洛兹[②]在《自然》杂志上发表了一篇具有划时代意义的文章，由此开启了人类对系外行星的探索。两人宣布首次发现了一颗围绕其他恒星而非太阳运转的行星，这颗行星位于飞马座，该星座是北半球秋季和冬季时较易辨认的星座之一。具体说来，它所绕行的母恒星名为飞马座 51，无论是质量还是表面温度都与太阳十分相似。这颗系外行星的质量级与木星相当，而且几乎是贴着母恒星运转，公转周期仅为 4.2 个地球日。相较于我们的木星，这种情况非常奇怪。不过，它又是如何被发现的呢？原来，马约尔和奎洛兹打造了一架精度极高的摄谱仪。它能够检测到母恒星受其行星引力扰动而出现的微小摆动，而我们可以通过研究恒星发射出的光线识别这种摆动，当行星向远离地球的方向“牵引”恒星时，光谱中的光线会出现红移，而当行星处于地球及其母恒星之间的轨道上时，光线则会发生蓝移。凭借发现这颗围绕飞马座 51 恒星转动的行星，马约尔、奎洛兹获得了 2019 年的诺贝尔物理学奖。

这种名为“视向速度法”的检测方法在接下来的几年中带来了大量的新发现，其中气态巨行星占了大多数。

---

① 米歇尔 · 居斯塔夫 · 爱德华 · 马约尔（Michel Gustave Édouard Mayor），瑞士天文学家，任教于日内瓦大学天文学系，已于 2007 年退休，但仍以荣誉退休教授身份持续进行研究。

② 迪迪埃 · 帕特里克 · 奎洛兹（Didier Patrick Queloz），瑞士天文学家。他是剑桥大学、日内瓦大学的教授，也是剑桥三一学院的研究员。1995 年，他与马约尔一起发现了飞马座 51b，这是第一个绕太阳状恒星飞马座 51 运行的太阳系外行星。

欲善其事，先利其器

“视向速度法”的效果取决于所使用摄谱仪的精度：精度越高，能够检测到的行星质量下限就越低。因此，最初被发现的系外行星都是大块头，而且与母恒星的距离非常近。的确，只有具备这些特征，系外行星才能产生足够的引力效应，从而被人们发现。2003 年，随着智利拉西拉天文台的“高精度径向速度行星搜索器”（High Accuracy Radial velocity Planet Searcher，缩写为 HARPS）摄谱仪投入使用，系外行星探索也向前迈进了一大步；HARPS 摄谱仪能够检测低于 1 米 / 秒的径向速度变化，这足以用来识别距离母恒星 50AU 的地球质量级岩质行星。HARPS 的“孪生兄弟”HARPS-N 摄谱仪则安装在加那利群岛的伽利略国家望远镜上，于 2012 年投入使用，任务是探索北半球天区的系外行星。

上图　在实验室接受检测的 HARPS 摄谱仪。图片来源：欧洲南方天文台。

系外行星的名称

系外行星由其围绕运行的母恒星名称（或缩写）标识，后跟一个小写字母，第一个被识别的行星以“b”开头，之后按照字母表顺序（c，d，e……）命名后续发现的行星。2014 年起，国际天体命名机构——国际天文学联合会开放公众参与系外行星的命名，不过命名必须符合一系列要求（长度不能超过 16 个字母、不能带有商业性质、不能用在世生者的姓名……）。于是，像第一颗被发现的系外行星“飞马座 51b”就被改名成了 Dimidium （有“半、二分之一”的意思，译者注），以体现其质量是木星的一半。

出于严谨的原则，这里必须要提到一点，实际上早在 1992 年科学家已经通过利用 PSR B1257+12 脉冲星的脉冲周期变化在其周围识别出了两颗行星。但是，一方面，脉冲星（即将消亡的恒星，直径仅为数十千米，自转速度极快）已不再能保证其行星能够承载生命；另一方面，用这种方法没有检测到其他系外行星。

凌星法

1999 年，继马约尔和奎洛兹的发现之后，一种新的检测系外行星的方法横空出世，获得了业界的一致看好。这次检测到的行星是 HD 209458 b，采用的是凌星法。该方法的理论依据十分简单（我们在第一章有所提及），如果一颗恒星有行星绕其旋转，那么每当这颗行星转到该恒星与观测者（也就是我们）之间时，恒星的亮度就会减弱。1999 年发现的这颗系外行星质量与木星相近，公转周期极短，仅为 3.5 个地球日。不难理解，这种方法有一种极大的局限性，要想看到系外行星飞临母恒星时形成的“小阴影”，这颗行星的公转轨道面必须要与地球上的观察位置处在同一方向上。不过，它也有一个优势，目标行星的质量不必特别大，因为这种方法不受重力影响，主要看恒星的亮度是否会减弱。诚然，这项工作并不轻松（比如，当地球“挡”在太阳前面时，太阳的亮度也才减弱了 0.008% 而已，几乎难以察觉），好在我们有精度极高的光度测量仪器。

一个大优点

凌星法还有一个优点，由于它能够区分行星与其母恒星的光线比例，所以可以用来研究系外行星的大气。

采用凌星法观测到的 HD 209458 b 也是最早被检测出拥有大气层的系外行星，它围绕一颗黄矮星旋转，这颗黄矮星的光谱特点与太阳相似，距离地球 160 光年。科学家不仅在这颗行星的大气中检出

拓展阅读

“行星猎手”开普勒

2009 年 5 月 12 日，开普勒太空望远镜正式投入使用，它的任务是采用凌星法在天鹅座、天琴座以及天龙座之间的天空区域寻找系外行星。之所以选择这片区域，是因为这里星体数量众多而且从未受到太阳的影响。开普勒任务原定为期三年半，然而最终却持续了九年多。其间一共观察了 530506 颗星体，识别出 5000 多颗候选系外行星，其中有 2662 颗之后通过其他观测予以确认。2015 年任务进行期间，8 颗大小约为地球两倍的系外行星在其母恒星周围的宜居区域被观测发现。此次发现中收集到的信息数量庞大，相关分析目前仍在进行中。开普勒望远镜于 2018 年 10 月 30 日停止运行，是迄今为止在系外行星探索领域最为“高产”的仪器。

上图　开普勒望远镜是迄今为止在系外行星探索领域最重要的仪器。图片来源：美国国家航空航天局 / 加州理工学院喷气推进实验室。

了碳元素和氧元素（包括两者结合而成的一氧化碳），还检测到了大量的氢元素。后来，还是在这团大气中，又陆续发现了氦、钠、钾及其他元素。此外，科学家又在其中检测到了一次超级风暴，风速高达 7000 千米 / 时，从行星的亮面向暗面移动。

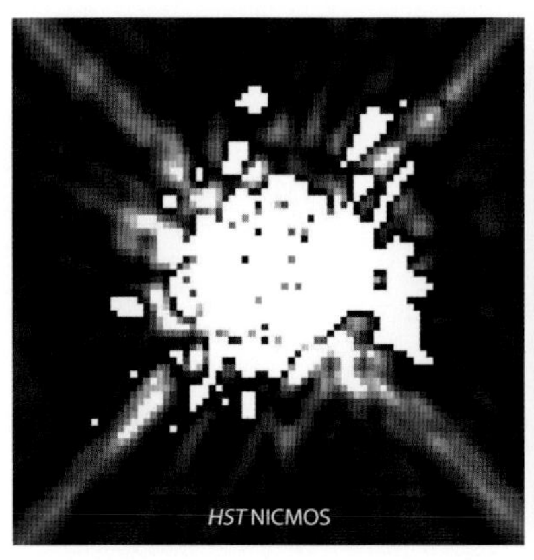

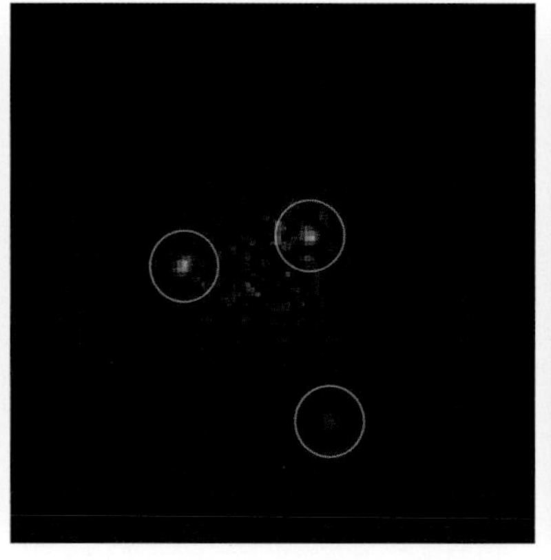
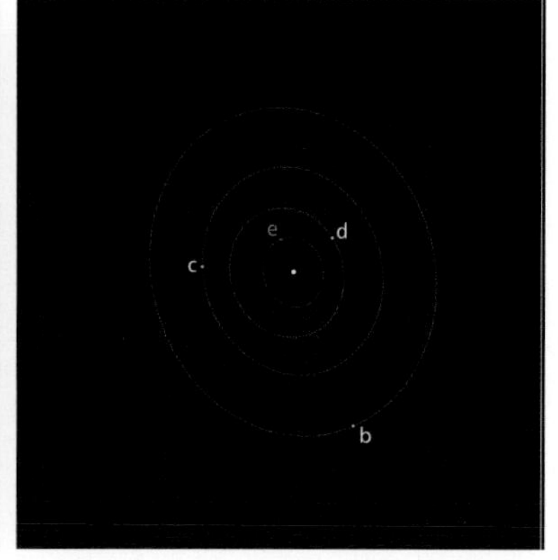

上图　经过图像处理，能够清楚地看到 HR 8799 恒星系统，这也是最初对系外行星的“直接”观察。图片来源：美国国家航空航天局、欧洲航天局和哈勃望远镜科学研究所的 R. 萨默。

拓展阅读
ESO 的超级工具们

欧洲南方天文台成立以来推进了一系列重大项目，其中就包括使用超级望远镜从地球观测到新的系外行星，并探明了这些系外行星大气的各项特征。特别是即将完成安装的特大望远镜（Extremely Large Telescope. 缩写为 ELT）摄谱仪，它将从 2026 年起以十倍于 HARPS 的精度观测目标星体的径向速度变化，从而能够免受恒星运动干扰，更容易地检测出相关岩质行星。此外，ELT 还能够以前所未有的精细程度展现系外行星大气的特征。而且，通过将 ELT 与 ALMA 系统收集到的数据相结合，可以明确系外行星系统诞生时业已存在的分子特征，从而去研究演化出各种系外行星系统的原行星盘。当然，我们也不要忘了，还有 2017 年起安装在智利帕瑞纳天文台甚大望远镜（Very Large Telescope）上的 ESPRESSO 摄谱仪，它能够以三倍于 HARPS 的精度测量径向速度。

回到行星本身，HD 209458 b 是一颗气态巨行星，直径大约是木星的 1.35 倍，但是质量却仅为木星的 0.71 倍，所以密度较低。它的公转周期，也就是每次凌日的间隔只有短短 3.5 个地球日；这也使得它与母恒星的距离只有 0.047UA，即 700 万千米，还不及水星与太阳距离的 1/8。据此估算，该行星的表面温度预计在 1000℃左右。这样的环境中是不可能有生命存在的，也不可能有液态水。尽管如此，2009 年，美国帕萨迪纳加州理工学院喷气推进实验室的几名科研人员却在该行星大气中检测到了水蒸气和甲烷。

“看见”系外行星

直接观测系外行星非常困难，原因我们在本章开头已经说过。但是，随着技术的不断突破，对系外行星的直接观测在某些情况下得以实现。2004 年，2M1207 b 成为第一颗被“看见”的系外行星，它所

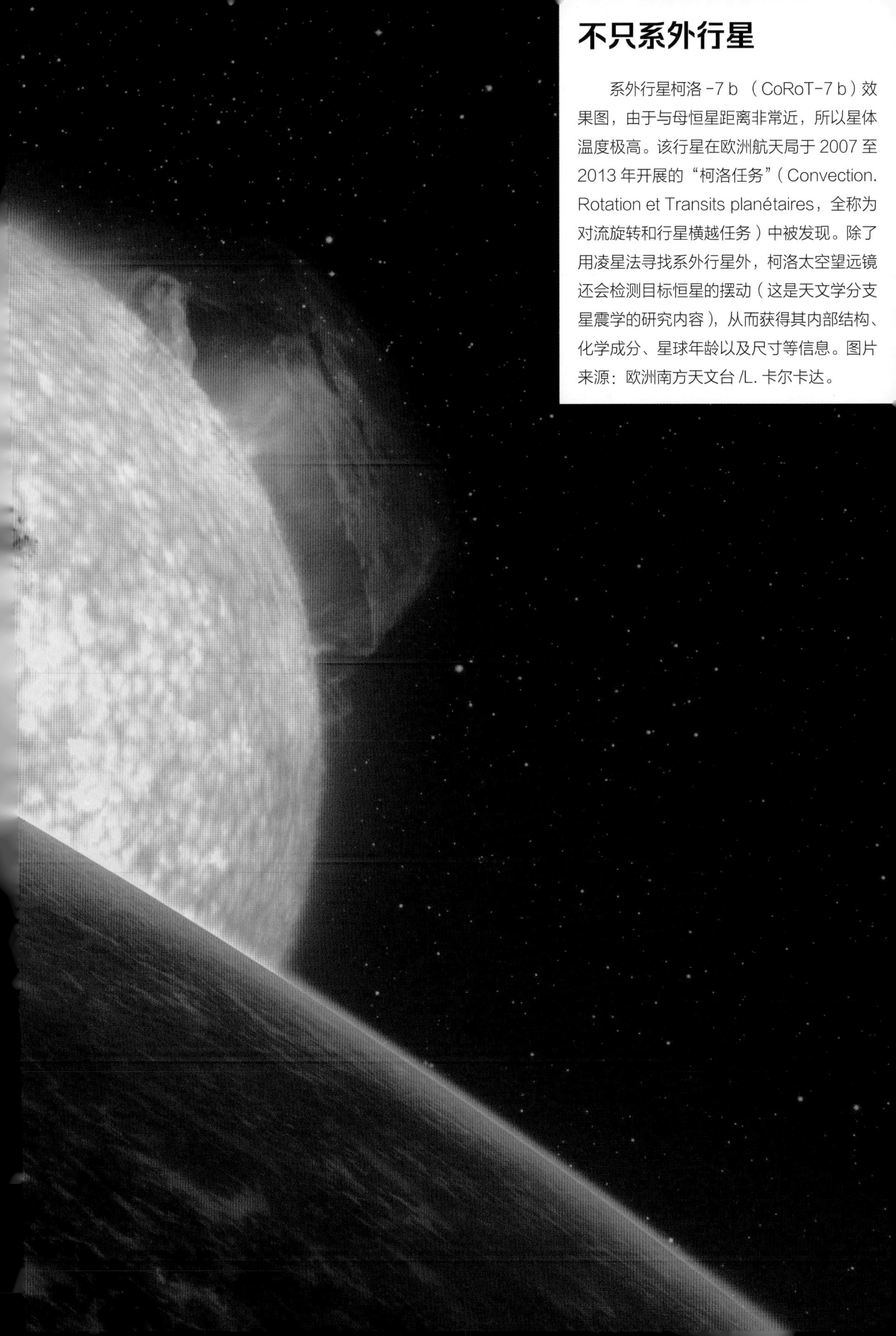

不只系外行星

系外行星柯洛 -7 b （CoRoT-7 b）效果图，由于与母恒星距离非常近，所以星体温度极高。该行星在欧洲航天局于 2007 至 2013 年开展的“柯洛任务”（Convection. Rotation et Transits planétaires，全称为对流旋转和行星横越任务）中被发现。除了用凌星法寻找系外行星外，柯洛太空望远镜还会检测目标恒星的摆动（这是天文学分支星震学的研究内容），从而获得其内部结构、化学成分、星球年龄以及尺寸等信息。图片来源：欧洲南方天文台 /L. 卡尔卡达。

围绕的是一颗褐矮星（棕矮星是一种次恒星，亮度极低）。正是由于这一特点，在红外光下，这颗系外行星（一颗气态巨行星）与其母恒星之间的光线差异会大幅减弱，所以能够被辨认出来。

还是在红外光下，科学家直接观察到了一个有四颗系外行星的完整系统。它们围绕 HR 8799 运转，这是一颗年轻的白色恒星，年龄大约是 3000 万年，亮度大约是太阳的 5 倍，位于飞马座，距离我们 129 光年。在这颗恒星的赤道面上，还能找到产生行星的原行星盘遗骸。这四颗行星在 2008 年至 2010 年间先后被夏威夷凯克天文台和双子座天文台的望远镜以遮挡中心恒星光线的方式观测发现。这些行星(HR 8799 e，d，c 和 b)的轨道半径最短为 16AU，最长为 70AU，质量则是木星的 6—9 倍，接近被归类为“行星”的上限（质量超过木星 13 倍的将进入褐矮星行列）。对这些行星大气观测的结果凸显出其中存在的一些化学异常。HR 8799 释放的能量比太阳释放的还要多，这意味着围绕其旋转的行星周围的温度应该和太阳系中天王星和海王星附近的温度差不多。在那样的温度下，这些行星的大气中应当含有大量的甲烷和氨气。然而，在 HR 8799 b 的大气中检测到了氨气（或乙炔）和二氧化碳，甲烷含量却微乎其微；HR 8799 c 的大气中有氨气，可能有乙炔，但没有二氧化碳和甲烷；HR 8799

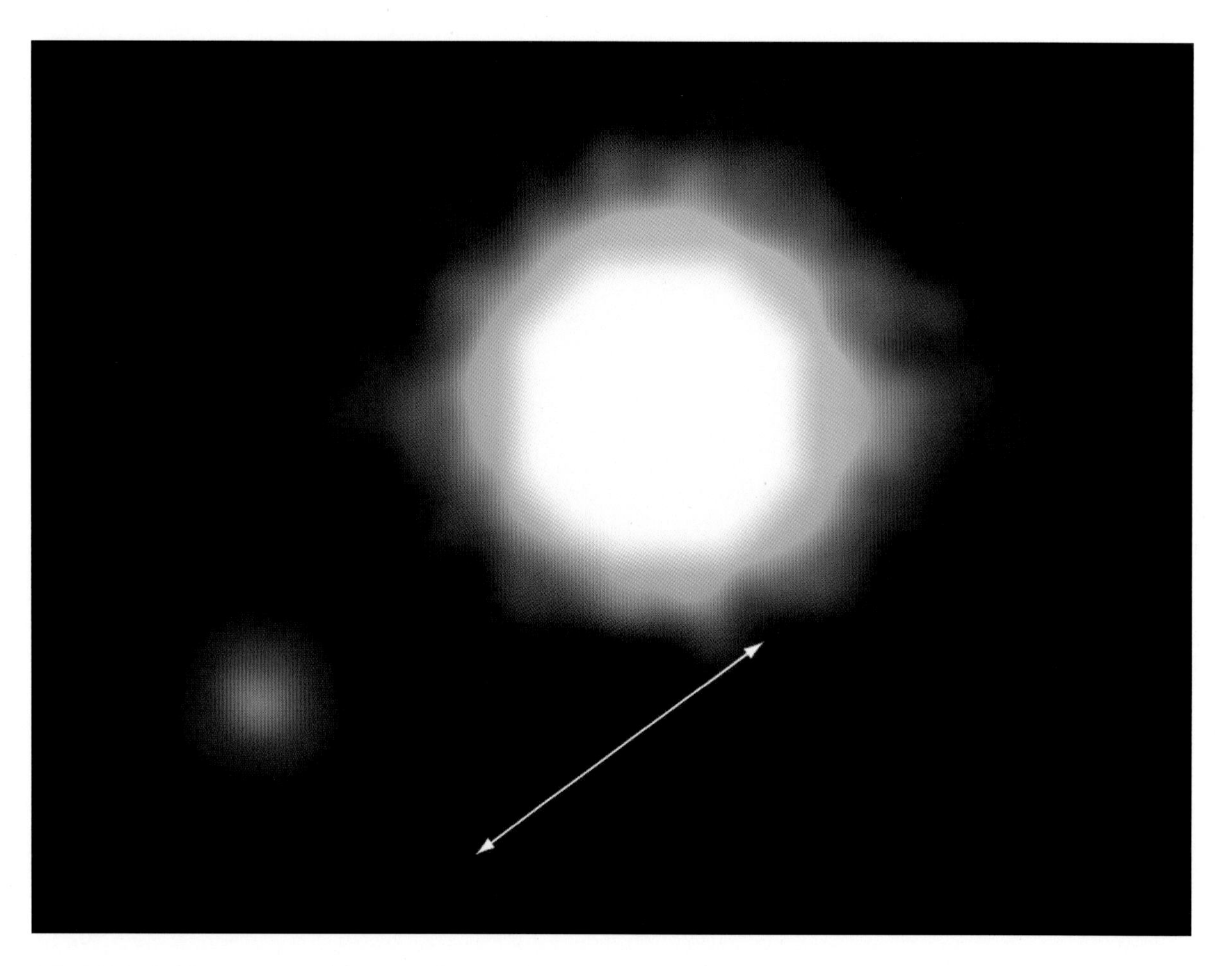

上图　红外光下的系外行星 2M1207 b（图中红色物体），旁边是其母恒星。图片来源：Ascánder (CC BY 4.0)。

d 大气中有乙炔、甲烷和二氧化碳，尚不确定是否有氨气；HR 8799 e 大气中有甲烷和乙炔，但却丝毫不见氨气和二氧化碳的踪影。

目前尚不清楚这些化学异常情况的具体原因，但是科学家猜测它们可能与这种行星系统的形成过程有关。

第一批类地系外行星

如同我们所注意到的，由于检测方法自身固有的各种限制，早先发现的系外行星和地球并不相似；或者应该说，几乎所有早先检测到的系外行星都是那种距离母恒星非常近的气态巨行星。后来，随着时间的推移，人们的目标变成了寻找大小类似地球、环境能够承载生命的系外行星。

转折出现在 2009 年初，在柯洛任务收集到的信息中出现了一颗围绕恒星柯洛 -7（又名 TYC 4799-1733-1）旋转的系外行星，该恒星是一颗橙矮星，位于麒麟座，距地球约 520 光年。这颗用凌星法检测出的行星具备一些很有意思的特点，根据初步估算，其半径仅为地球的 1.7 倍，后来又进一步下降到 1.58 倍，质量则是地球的 2.3—8.5 倍。换句话说，虽然大了那么一点儿，柯洛 -7 b 却是一颗类似地球的岩质行星而非气态巨行星。而柯洛 -7 b 的轨道参数则显示，它与自己的母恒星距离非常近，仅为 250 万千米出头，还不及水星与太阳间距的二十分之一。因此，这颗行星的亮面（很可能被岩浆覆盖）温度预计可达 2000℃，而暗面温度则能降至 -200℃。柯洛 -7 b 的大气层会非常稀薄，其中可能包含镁、铝、钙、硅、铁等元素以及一些气体，这些都是由亮面处的岩石升华所产生；不过，当气温

上图　柯洛 -7 b（中）、地球（左）和海王星（右）尺寸对比。图片来源：Aldaron (CC BY-SA 3.0)。

上图　恒星格利泽 581 系统中五颗行星中的三颗。图片来源：欧洲南方天文台。

超级地球

质量介于地球与气态巨行星天王星和海王星（质量分别是地球的 14.5 倍和 17 倍）之间的系外行星被称为超级地球。不过，这一定义仅从质量角度出发，与星球化学成分、表面温度或适居性等毫无关联。有意思的是，这类行星虽然在宇宙中非常普遍，但却唯独不在太阳系中。不过，有观点认为，设想中的“九号行星”——它的存在能够解释绕海王星轨道运行天体出现的波动——可能恰恰是一颗超级地球。

降低时，这些气体又会逐渐凝聚到一起，变成一颗颗富含矿物元素的固体颗粒，像降雨般落回到行星表面。

有线索表明，该系统可能还有另外两颗行星，而行星柯洛 -7 b 的轨道也将在几千万年之后消失，它自己也会被母恒星吞噬，科学家在其他系外行星系统中已经观测到过类似现象。

从寻找宇宙生命的角度看，以恒星“格利泽 581”为中心的行星系统无疑是最值得研究的（格利泽 581 是一颗位于天秤座的红矮星，距离地球 20.5 光年）。

2007 年，科学家首次提出该星系中可能存在行星格利泽 581 d，在推翻了几次质疑之后，如今它的存在似乎已被确认。如果真是这样的话，那么它就是第一颗在其母恒星宜居带内被发现的超级地球，也就是说其表面可能会有液态水存在。

格利泽 581 d 的质量至少是地球的 7 倍，而且有可能是一颗“海洋行星”，即表面可能覆盖有深达数百千米的洋流。不过，这颗行星实际上已处于所在星系的宜居带外边缘，所以只有当它的外围存在大气层并且能够产生温室效应使其地表温度升高，才有利于表面海洋的存在。

格利泽 581 星系中还发现（并确认）了另一颗岩质行星格利泽 581 c，该行星也是一颗超级地球，质量至少是地球的 5.5 倍，公转周期不足 13 个地球日。虽然它与母恒星格利泽 581 的距离很近，但是后者释放出的能量却较为微弱，因此该行星的表面温度理论上应该在零摄氏度左右。不过，在这颗行星上并没有检测到水的踪迹。

宜居指数

宜居带的概念基本建立在温度基础上。可实际上，对星球环境宜居性造成影响的因素有很多，比如质量、密度、是否有大气层等。鉴于此，我们也许会问，有没有可能以一种参数作为标准去判断某颗星球是否像我们的地球一样呢？关于这个问题，位于阿雷西博的波多黎各大学行星宜居性实验室给出了答案，这就是地球相似指数（Earth Similarity Index，缩写为 ESI），数值在 0—1，0 代表相关星球与地球没有任何相似之处，1 代表和地球一样。

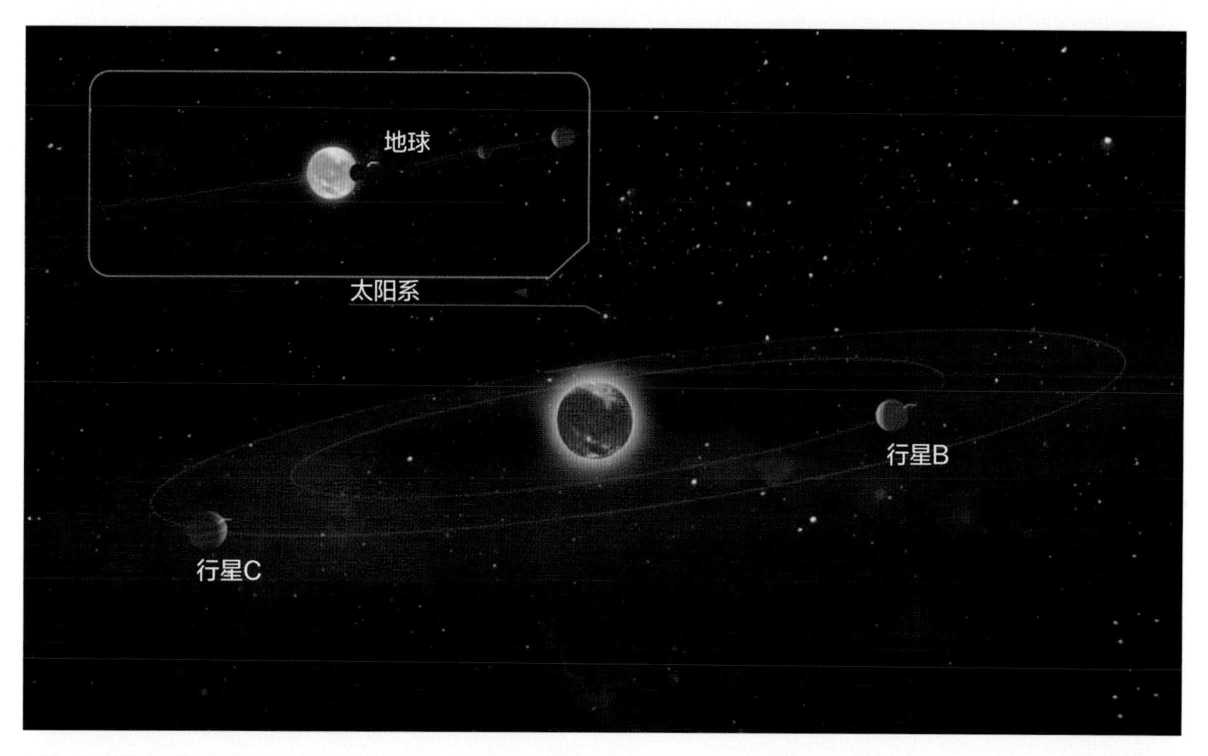

上图　含有两颗行星的蒂加登星系与太阳系尺寸对比图。根据地球相似指数计算结果，在迄今检测到的 4500 颗系外行星中，蒂加登 b 绝对是最像地球的那一颗。同样，位置相对靠外且处在星系宜居带中的蒂加登 c 与地球的相似度可能也很高，但是目前它只能算是一颗“候选”行星，因为它的存在还未被确认。图片来源：哥廷根大学。

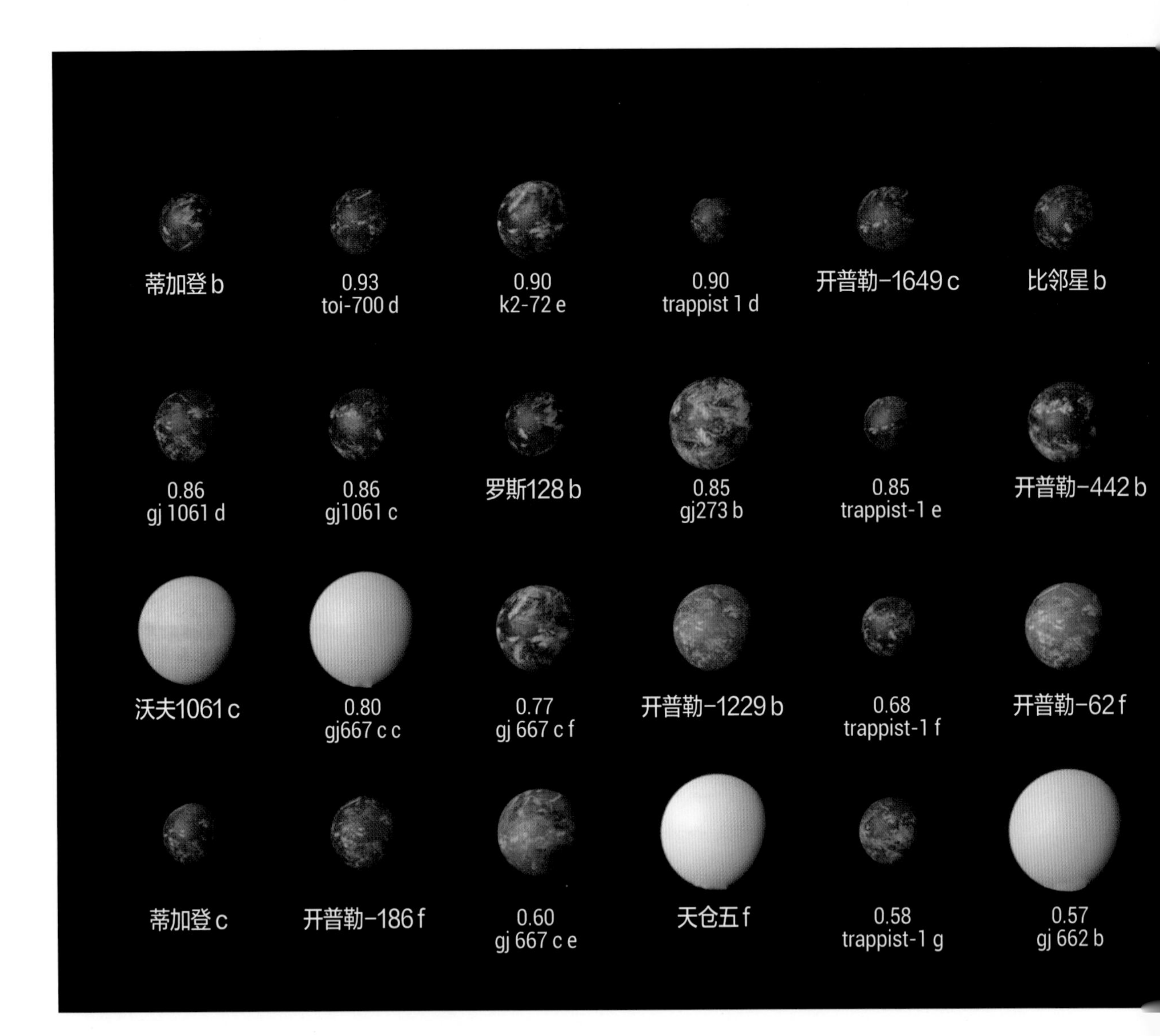

要计算某颗行星的 ESI 指数，就要综合考虑其各项特点，计算出各项数据，然后估算其与地球各项对应数值的差异。参与计算的数据包括行星的平均半径、密度、逃逸速度以及表面温度。在这些数据中，表面温度被看作最重要的参数。计算时，每项数据所占的比重是不一样的。例如，与地球平均半径的差异远不如密度差异重要。这种计算方式也适用于太阳系中的行星与卫星。比如，人们（并不惊讶地）发现，火星的 ESI 指数最高，达到了 0.64，而月亮则为 0.56。

按照现有的 ESI 目录，有 60 颗系外行星具备潜在的宜居性，其中有 23 颗尺寸和地球相似，有 1 颗较小，剩下的 36 颗则可以归类为超级地球（或者迷你海王星）。目前，ESI 指数最高的行星名为“蒂加登 b”（Teegarden b），它的质量略高于地球，表面平均温度为零下几摄氏度。该行星的 ESI 指数达到了 0.95。它所围绕的母恒星蒂加登是一颗小型红恒星，距离地球 12 光年多一点。在被视为具有宜居性的天体中，蒂加登 b 是距离地球第四近的行星。

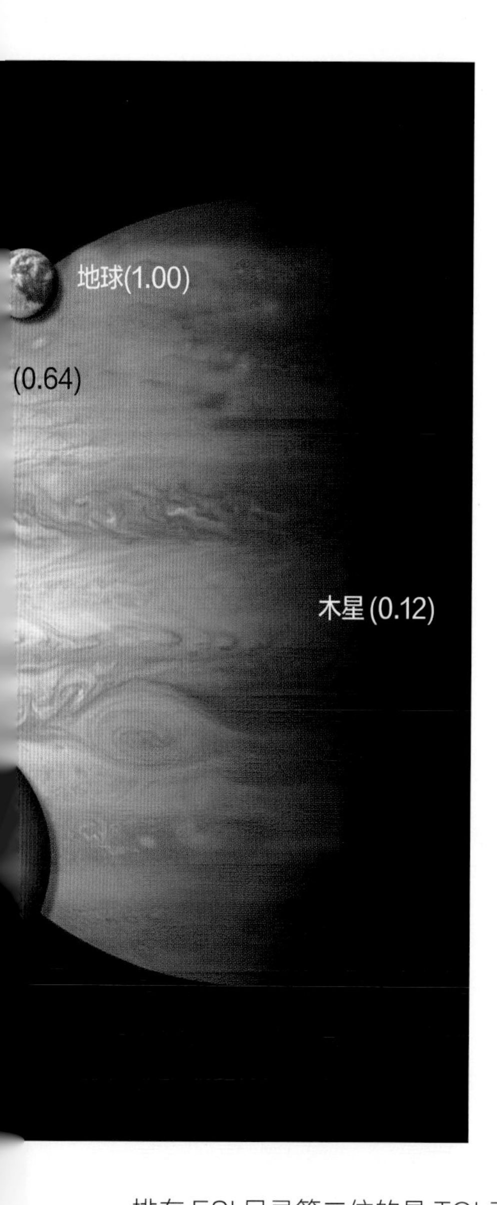

上图　ESI 指数较高的几颗系外行星。它们被视为与地球非常相似的星球（地球的 ESI 指数是 1）。画面右侧是太阳系中的一些行星以及它们各自的 ESI 指数。图片来源：波多黎各大学海博空间科学研究所阿雷西博天文台（phl.upr.edu），2020 年 10 月 5 日。

排在 ESI 目录第二位的是 TOI 700 d，于 2020 年初被检测发现，质量是地球的 1.7 倍，半径是地球的 1.2 倍，ESI 指数为 0.93。根据其与母恒星之间的距离估算，该行星的表面温度约为 -25℃，不过周围要是有大气层包裹的话（看上去似乎有可能），上面也可能会有液态水存在。它的母恒星也是一颗能量微弱的红矮星，不过与太阳系的距离却有 100 光年。排在第三名的是 K2-72 e，于 2006 年被开普勒卫星识别发现。它是一颗岩质行星，质量是地球的 2 倍多，表面平均温度约为 -10℃。它的 ESI 指数为 0.9，其母恒星也是一颗红矮星，距离太阳系 200 光年多一点。

寻找类地行星的工作正在快速向前推进，所发现的行星与地球的相似度也越来越高。但是，分析其大气成分的任务恐怕只能交给下一代高新仪器了，未来也许还能绘制出这些星球的表面，寻找上面可能会有的生命印迹。

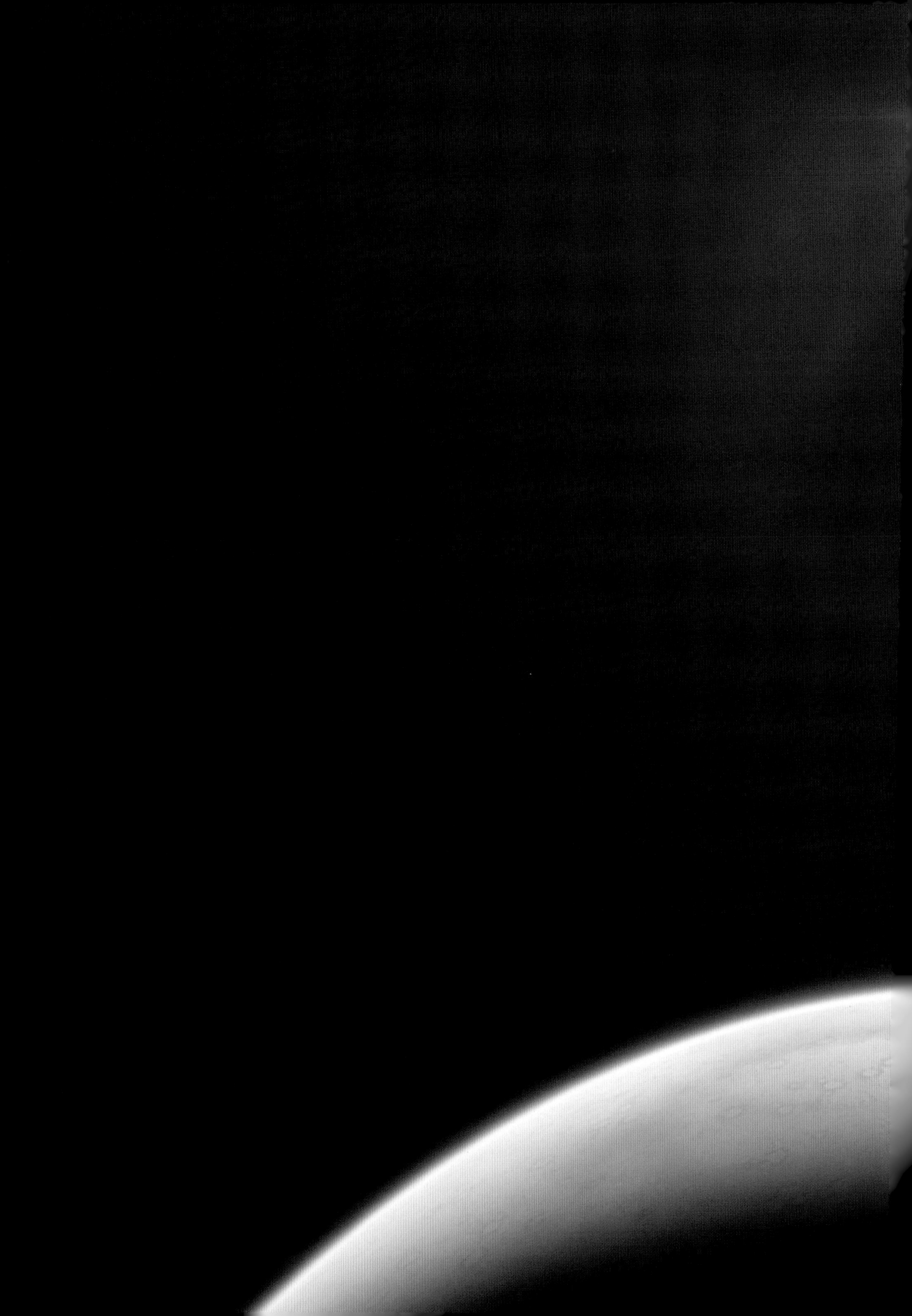

有缘无分

图中的系外行星开普勒-438 b本来有可能成为一颗潜在宜居行星。但是，它所围绕的母恒星每隔100个地球日就会产生出巨大的辐射，给它来一次全面“消杀”，扼杀生命存在的可能。图片来源：MarioProtIV (CC BY-SA 4.0)。

第七章

外星人不在我们当中

“大家都在哪里呢？”1950 年，恩里科·费米[①]在思考那些可能存在并且也许渴望与我们沟通的地外科技文明时，提出了这个问题。如今，这个问题依然在等待回答。

① 恩里科·费米（Enrico Fermi，1901—1954），美籍意大利裔物理学家，美国芝加哥大学物理学教授。他对量子力学、核物理、粒子物理以及统计力学都做出了杰出贡献，曼哈顿计划期间领导制造出世界首个核子反应堆（芝加哥 1 号堆），也是原子弹的设计师和缔造者之一，被誉为“原子能之父”。费米拥有数项核能相关专利，并在 1938 年因研究由中子轰击产生的感生放射以及发现超铀元素而获得了诺贝尔物理学奖。

上图 焦尔达诺·布鲁诺的铜像底座上刻有他受审时的场景。铜像位于罗马鲜花广场，正是他被处以火刑的地方。

前页图 恒星际太空中的有机分子效果图。图片来源：詹妮·莫塔尔。

望着满天星斗，勤于思考的先哲不禁发问：宇宙中只有我们人类吗？毕竟，就像贾科莫·莱奥帕尔迪[①]在《天文学史》中写到的那样："自从地球上出现了人类，天空也就有了仰望者。"不过，在西方思想史上，最早开始讨论这一话题的是公元前6世纪的古希腊哲学家们，特别是阿那克西曼德[②]，他是第一位提出"无尽世界"的人，尽管是从哲学角度出发。同样，在德谟克利特[③]和伊壁鸠鲁[④]的思想中，虽然表述略有不同，但也都提到我们所在的世界也许并非唯一或者应该

① 贾科莫·莱奥帕尔迪（Giacomo Leopardi，1798—1837），意大利诗人，散文家，哲学家，语言学家。

② 阿那克西曼德（Ἀναξίμανδρος，约前610—前545），米利都人，古希腊哲学家。他是前苏格拉底时期的米利都学派第二代自然哲学家，上承泰勒斯，下启阿那克西美尼。在哲学上提出了阿派朗的概念，来解释世界的本原问题。

③ 德谟克利特（Δημόκριτος，前460—前370或前356），来自古希腊爱琴海北部海岸的自然派哲学家。德谟克利特是经验的自然科学家和第一个百科全书式的学者，古代唯物思想的重要代表。他是"原子论"的创始者，由原子论入手，他建立了认识论。

④ 伊壁鸠鲁（Ἐπίκουρος，前341—前270），古希腊哲学家、伊壁鸠鲁学派的创始人。伊壁鸠鲁成功地发展了阿瑞斯提普斯的享乐主义，并将之与德谟克利特的原子论结合起来。他的学说的主要宗旨就是要达到不受干扰的宁静状态。

右图：1483年的《物性论》手抄本。原稿时间可追溯到公元前1世纪。

T·LVCRETII·EPICVREI·POETE·
CLARISS·LIBER·PRIMVS·

A ENEA
DVM
GENI
TRIX
HOMI
NVM
DIVVM
QVE
VOLVP
TAS·

Alma uenus cæli subter labetia signa
Quæ mare nauigium q̄ tras frugiferētis
Concelebras per te qm genus omne animātū
Concipitur: uisit q; exortū lumia solis
Te dea te fugiunt uēti: te nubila cæli
Aduentumq; tuum: t' suauis dedala tellus
Submittit flores: t' rident æquora ponti
Placatumq; nitet diffuso lumie celū
Nam simul ac spēs patefacta ē uerna diei
Et reserata uiget genitalis aura fauoni:
Aeriæ primum uolucres te diua tuumq;
Significant nitum pculsæ corda tua ui
Inde feræ pecudes persultāt pabula læta

说，存在多个世界。例如，在德谟克利特的理论中，原子们相互结合，创造出了包括宇宙在内的一切。

而在亚里士多德[①]看来，世界由一个个同心圆构成，我们的地球是这个世界的中心，没有什么能与之相媲美，这一观点在公元前4世纪之后逐渐站稳脚跟，并且统治了相当长的一段时间。不过，当时也有一些思想家与之唱反调，认为存在其他生命形式生存的世界。例如，提图斯·卢克莱修·卡鲁斯[②]（公元前1世纪）在他的著作《物性论》（原名：*De rerum natura*）中畅想了宇宙中其他人类和动物居住的世界。

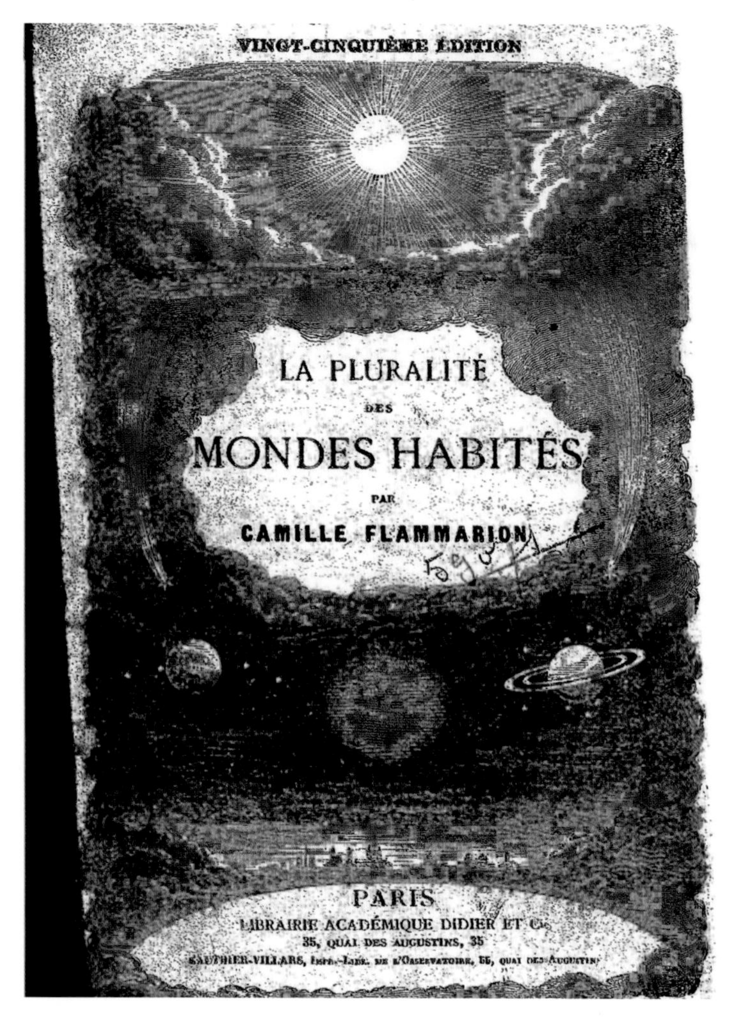

上图 《居住世界的多样性》第25版的扉页。

17世纪初，随着望远镜的普及，对于可能存在多个世界的讨论再次变得热烈起来，有人甚至为此付出了惨重的代价。像焦尔达诺·布鲁诺[③]，他坚信宇宙是“无限”的，它没有边界，而且包含无数个居住着其他智慧生命的世界。这当中，有的世界以及居住在其中的生命甚至要优于地球和地球生命。当时的审判卷宗上并没有详细记载他的这番言论，但是不难想象，这些思想无疑是他被判处火刑的重要原因。1600年2月17日，在罗马的鲜花广场上，布鲁诺被以“异端邪说”罪名公开处决。

① 亚里士多德（Αριστοτέλης，前384—前322），古希腊哲学家，柏拉图的学生、亚历山大大帝的老师。他的著作涉及许多学科，包括物理学、形而上学、诗歌（包括戏剧）、音乐、生物学、经济学、动物学、逻辑学、政治、政府，以及伦理学。他和柏拉图、苏格拉底（柏拉图的老师）一起被誉为西方哲学的奠基者。亚里士多德的著作是西方哲学的第一个广泛系统，包含道德、美学、逻辑和科学、政治和形上学。

② 提图斯·卢克莱修·卡鲁斯（Titus Lucretius Carus，前99—前55），罗马共和国末期的诗人和哲学家，以哲理长诗《物性论》（*De Rerum Natura*）著称于世。

③ 焦尔达诺·布鲁诺（Giordano Bruno，1548—1600），文艺复兴时期的意大利哲学家、数学家、诗人、宇宙学家和宗教人物。1593年起，布鲁诺以异端罪名接受罗马宗教法庭审问，指控包括否认数项天主教核心信条（如否认地狱永罚、三位一体、基督天主性、玛利亚童贞性、圣餐化质变体论等）。布鲁诺的泛神论思想也属严重关切之点。宗教法庭判其有罪，他于1600年在罗马鲜花广场被处以火刑。

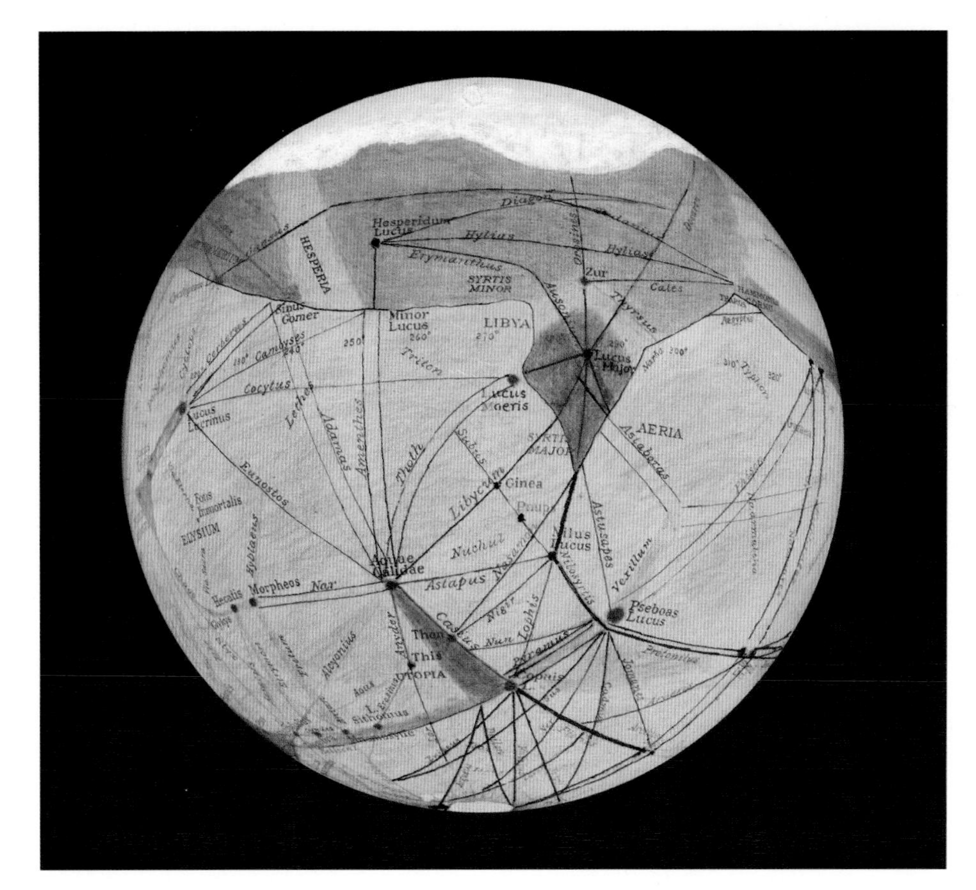

左图　美国天文学家帕西瓦尔·罗威尔根据他在亚利桑那旗杆市天文台观测到的景象绘制的火星及其表面“沟渠”地图。图片来源：lowell.edu。

然而，随着望远镜的功能越来越强大，以及哥白尼理论的确立——该理论将地球请下了“宇宙中心”的神坛——越来越多的人开始相信，不仅我们的星球并非在宇宙中独一无二，太阳系中所有的行星甚至其他恒星上可能都有生命存在。

19 世纪，科普事业的先行者、法国天文学家尼可拉斯·卡米伊·弗拉马利翁①在其 1862 年出版的法语著作《居住世界的多样性：天体宜居条件研究》（*La pluralité des mondes habités: étude ou l'on expose les conditions d'habitabilité des terres célestes*）中描绘了一个生机勃勃的太阳系——这也导致他丢掉了在巴黎皇家天文台见习天文学家的工作。这部作品获得了巨大成功，在出版后的前 20 年里重印了 33 次。

弗拉马利翁的作品也影响了一些作家。例如，居斯塔夫·福楼拜②在身后出版的未竟作品《布瓦尔和佩库歇》中描写两个主人公用望远镜观天时，写下了这样一番话：“最后，他们琢磨星球里是否有人存在。为什么不可能？天地万物都是协调一致的，天狼星上应该都是巨人，火星人都是中等身材，金星

① 尼可拉斯·卡米伊·弗拉马利翁（Nicolas Camille Flammarion，1842—1925），法国天文学家、作家和灵性主义者。他是一位多产作家，出版著作超过 50 种，其中包含关于天文学的科学普及书籍、数本知名的早期科幻小说和一些关于通灵术的书籍。

② 居斯塔夫·福楼拜（Gustave Flaubert，1821—1880），生于法国鲁昂，法国文学家，《包法利夫人》的作者。

嗜极细菌

地球景观类似外星地貌的实例之一——西班牙安达卢西亚境内的力拓河，河水中没有氧气，pH 值为 1.7—2.5；由于邻近的矿厂几十年来向其中倾倒废物，所以河水中的重金属含量非常高。令人好奇的是，就是在这种极端环境中，竟然还生存着不同种类的嗜极细菌，它们和在南极洲发现的细菌相类似。图片来源：Paco Naranjo Jimenez (CC BY-SA 4.0)。

《世界之战》里的火星人

外星人是许多科幻作品的主角。关于他们给民众认知带来的影响，我们在这里仅以《世界之战》中的火星人为例，这些19世纪末出现在赫伯特·乔治·威尔斯作品中的形象，一不小心成了广播节目史上著名“玩笑”之一的主角。1938年，23岁的美国演员奥逊·威尔斯在一档广播节目中以播报特大新闻的语气朗读了威尔斯书中的一段内容，在他煞有介事地讲述下，当时收听节目的美国人都以为外星人真的来了。后来，这段内容先后被改编成了几部电影（以1953年和2005年的两次改编最为著名），2019年还被翻拍成了电视剧。仔细品读威尔斯写的内容——仍然以科幻文学的视角解读——读者会发现，威尔斯实际上是在批判英国殖民者在澳大利亚塔斯马尼亚州对当地土著人犯下的罪行。

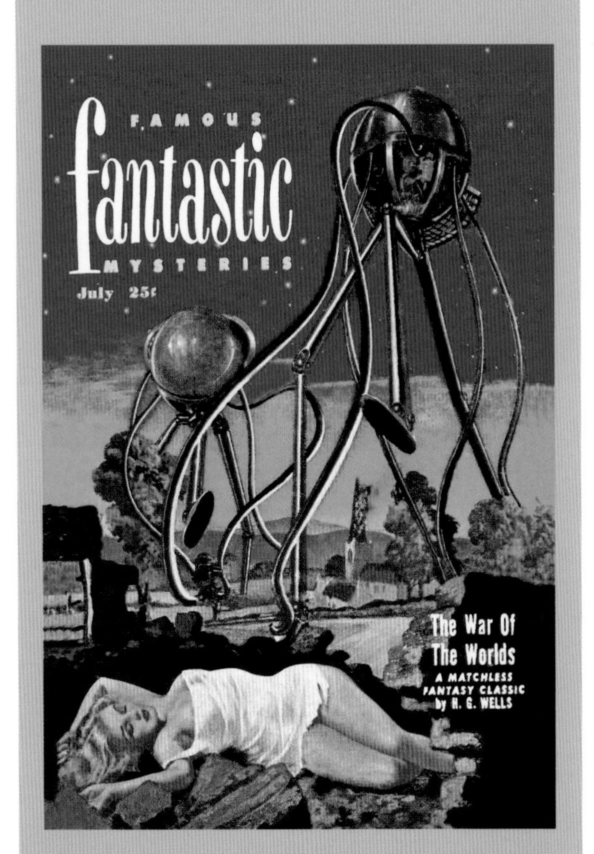

上图　赫伯特·乔治·威尔斯所著的《世界之战》重印版封面出现在1951年7月的《著名奇幻神秘故事》（*Famous Fantastic Mysteries*）杂志中。

The New York Times.

NEW YORK, MONDAY, OCTOBER 31, 1938.

MEAD STANDS PAT AS A NEW DEALER IN BID FOR SENATE

Democratic Candidate Opposes Any Except Minor Changes in Labor and Security Laws

UPHOLDS THEORY OF TVA

Radio Listeners in Panic, Taking War Drama as Fact

Many Flee Homes to Escape 'Gas Raid From Mars'—Phone Calls Swamp Police at Broadcast of Wells Fantasy

OUSTED JEWS FIND REFUGE IN POLAND AFTER BORDER STAY

Exiles Go to Relatives' Homes or to Camps Maintained by Distribution Committee

REVEAL CRUELTY OF TRIP

上图　美国演员奥森·韦尔斯在节目中开的玩笑引发了公众的恐慌；1938年10月31日《纽约时报》在头版醒目位置报道了这则新闻。

上则是一群小个子。又或者他们可能一样大？那里应该也有商贩、宪兵；那里的人也做生意，也打仗，国王也被赶下台……”

进入20世纪，探寻可能存在的地外生命逐渐发展成为一项独立学科，如今投身于该领域的主要有天文学家（辨别宇宙中可能存在生命发展演化的地方）、地质学家（研究可能具备承载生命能力的行星结构）、生物学家（指明可能产生这些生命的生化反应并分析其结构）和自然主义者（将这些生物及其可能的演化方式和栖息地构成一个整体框架）等。1904年，正是一位自然主义者阿尔弗雷德·拉塞尔·华莱士在其著作《人类在宇宙中的位置》中，率先对其他行星上存在生命体的可能性做了评估。不过，在华莱士看来，地球是唯一能够承载生命的星球，因为它是太阳系中唯一表面存在液态水的行星。而且，他又进一步断言，不会再有其他行星或恒星具备承载生命的特征。后来，1907年，有关火星沟渠的讨论一度沸沸扬扬，华莱士也再次研究了火星宜居性的问题，并且指出光谱分析看不到火星大气中存在水蒸气的迹象。

上图　乔舒亚 · 莱德伯格在第一届维京科学研讨会上，会议于 1975 年在位于卡纳维拉尔角的肯尼迪航天中心召开。图片来源：美国国家医学图书馆。

不过，不难意识到，当驰骋宇宙的梦想变为现实时，这是一个多么巨大的飞跃。这里要特别提到遗传学家乔舒亚 · 莱德伯格[①]，他凭借在细菌基因研究上取得的成就获得了 1958 年的诺贝尔生理学或医学奖；1960 年 1 月 13 日，他在首届空间研究委员会（Committee On SPAce Research，缩写为 COSPAR）大会上作了一项科学报告，引起了所有与会者的兴趣。COSPAR 是国际科学理事会于 1958 年设立的分支机构，旨在促进太空各研究领域科学家之间的信息交流。

在这项报告中首次出现了“外空生物学”一词，是一个由 eso （外）、bio （生命）和 logia （学科）三个希腊语词根构成的单词。这项报告之后被改写成文章，于 1960 年 8 月 2 日刊登在《科学》杂志上。在阅读这篇文章时，人们可以找到如今仍然属于外星生物学研究基本主题的相关参考信息。

例如，文章中提到了如何根据某种生物的储备机能和基因信息复制——也许会以不同于地球上的方

① 乔舒亚 · 莱德伯格（Joshua Lederberg，1925—2008），美国分子生物学家，主要研究方向为遗传学、人工智能和太空探索；因发现细菌遗传物质及基因重组现象而获得 1958 年诺贝尔生理学或医学奖。

式进行——去辨别它的地外来源属性，以及某些生物体以自然或受控制的方式从一颗行星去到另一颗的可能性（泛种论，我们在第三章提到过）。的确，早在太空时代初期，莱德伯格就在 1958 年发表的一篇文章中指出，要留心可能从月亮等人类探索的其他天体上无意带回细菌的可能。这就是为什么十多年之后，完成阿波罗登月任务的宇航员在返回地球后要进行长时间的隔离。

回到这篇文章，虽然莱德伯格在其中提到的一些实验方法囿于时代已经不可避免地落伍了，但是他提到的另外两个主题至今仍然是外空生物研究的重要内容：地球生命起源研究，以及太空研究对象的自然资源保护。

如今，外空生物学的研究内容主要集中在寻找地外生命方面，被看作天体生物学的一部分；而天体生物学甚至还研究各种生命之间的关系，包括地球生命是如何诞生与发展的，并且试图探索宇宙的边界。

费米悖论

1950 年，在洛斯阿拉莫斯国家实验室[①]的食堂里，物理学家、1938 年诺贝尔物理学奖得主恩里科 · 费米和同事们一边吃饭，一边聊着一幅 UFO 漫画上的外星人。突然，他大声喊道："大家都在哪儿呢？"在同事们惊讶的目光中，费米解释说，他说的"大家"是指"可能存在的地外文明"。

费米之所以认为存在地外文明，原因在于，单是在银河系就有着数千亿颗恒星，这当中有许多又会拥有自己的行星，这些行星可能就具备承载生命的能力（这一点当时人们只是怀疑，并没有十足的把握）。当时在科学界被普遍接受的看法是，宇宙当中应该进化出了至少一种地外技术文明，并且能够游走在各个恒星之间。这种游走可能不会直接进行，而是通过使用可以自我复制，从而能够以指数方式增加的自动探测器得以实现。对于像费米这样的物理学家而言，很容易就能够计算出，在这种情形下只需要短短几百万年（相比银河的年龄，这点时间不算什么），这些探测器就能够到访我们银河系的每一个角落。换句话说，过了这么长的时间，地外文明应该早就"殖民"整个银河系了，哪怕只是用一些机器人。可是，那么多的探测器却丝毫不见踪影。所以，大家都在哪儿呢？这就是著名的"费米悖论"。

随着时间的推移，人们提出了许多假设试图来解决这一悖论。其中最简单直白的一种猜想就是，我们是银河系中唯一的文明，因为地球上的各种适宜条件在其他任何地方都没有出现过。然而，近年来科学家不但在极端恶劣的太空环境中检测到了复杂分子，还发现了成千上万颗系外行星（其中有许多行星的环境看起来可以承载生命），这都使得这种猜想变得不再有说服力。或者说，我们希望这一猜想是不

① 洛斯阿拉莫斯国家实验室是美国承担核子武器设计工作的两个国家实验室之一，另一个是劳伦斯利弗莫尔国家实验室。洛斯阿拉莫斯国家实验室建立于 1943 年曼哈顿计划期间，最初负责原子弹的制造，由伯克利加州大学负责管理，首任主任是"原子弹之父"罗伯特 · 奥本海默。

上图　刊登在1950年5月20日《纽约客》杂志上的漫画，就是这幅漫画使费米问道：“大家都在哪儿呢？”图片来源：艾伦·邓恩《纽约客》(*The New Yorker Magazine*)。

成立的，想想看，人类要是知道自己是宇宙的唯一文明，应该也会感到压力山大吧。

第二个可能的解释是，像费米猜测的那些高级文明只存在了几十万年，之后由于自然灾难或自我毁灭而消失不见。在原子时代和冷战初期，持类似看法的人不在少数。可是，我们能找到的实例只有我们自己，所以没办法知道这种情况是否会发生在宇宙中的其他地方，在此观点基础上进一步衍生出的各种猜测也都太过理想化。

另一个可能的答案是，这些科技文明确实存在，但是在时空上距离我们过于遥远，所以我们看不到它们存在的迹象。浩渺的银河中，从一个行星系到另一个行星系，就算是以接近于光速的速度，也需要至少长达数百年的时间。那么，就算这些文明真的存在，它们也可能从遥远的地方动身没多久，所以我们还看不到它们。再说，人类也只是从 1957 年才开始探索太空，人类制造的飞出太阳系的物体也才只有 5 个（“先驱者 10 号”和“先驱者 11 号”，后来还失联了；“旅行者 1 号”和“旅行者 2 号”；“新

拓展阅读

UFO 现象

很多人会把 UFO （Unidentified Flying Object，不明飞行物）翻译成“外星太空飞船”。不同国家都开展过对这一现象的研究项目，例如法国的 GEIPAN 计划、英国的 Condign 项目、苏联的 Setka 计划，以及美国的蓝皮书计划，但是都没有得出定论。其中，蓝皮书计划中甚至出现了卡尔·萨根的身影，他认为 UFO 现象是值得仔细开展科学研究的。不过，萨根最后得出的结论却是，关于 UFO 是外星人来访的可能性微乎其微，而且这一现象的产生还应当放到冷战引发了公众担忧这一大背景下。的确，现如今，UFO 目击事件也多发生在一些危机阶段。2020 年，意大利不明飞行物研究中心记录到的目击事件多达 158 次（比 2019 年的 139 次和 2018 年的 137 次都要多）。然而，这其中有 1/4 其实只是“星链”卫星群引发的误会（星链是私人太空航天公司 SpaceX 的一个项目，主要是将许多人造卫星发射到太空中，在远离地球的某个地方形成互联网）。这里还要强调一下，所谓“不明飞行物”，通常泛指任何出现在天空而不能被立即辨认出的现象；但是，这些现象大多数在之后能找到原因，有的是自然物体（比如空中某些比较亮的星星），有的则是来自地球的人造物体（飞机、孔明灯、卫星等）。

左图 “先驱者号”和“旅行者号”探测器上都载有一些信息，以期太空中可能存在的智慧文明能够获取甚至解读。在卡尔·萨根的太太（之一）琳达·莎尔士文·萨根女士雕刻的“先驱者号”镀金铝板上（如图所示）汇集了许多图案，比如太阳系相对于银河系中心的位置、14 颗脉冲星信号周期以及一个女人和一个挥手男人的形象。而“旅行者号”则携带了一张真真正正的光盘，封面上还印有读取方法说明。光盘中刻录了各种信息，其中包括不同的音乐片段以及 55 种语言的问候语。图片来源：美国国家航空航天局埃姆斯研究中心。

上图　阿雷西博射电望远镜的抛物线形状接收面，直径为 305 米，曾经是 SETI 研究中使用最为频繁的望远镜。可惜的是，这架建于 1963 年的观测仪器最终于 2020 年末倒塌。

视野号”探测器）。事实上，与其说是距离问题，更值得关心的其实应该是时间重合问题，即我们的银河系有几十亿年历史，那么很有可能其他文明已经先于我们完成了整个发展历程（或者还没开始）。所以，要想“相遇”，哪怕只是通过自动探测器来实现，不仅要跨越遥远的距离，还得赶在合适的“窗口期”——这需要我们和外星文明拥有足够高的技术才行。

再来看一种可能的解释。外星文明虽然存在，但是却不想和我们取得联系。比如，他们可能会觉得我们太落后了，所以选择不露面，就远远地看着我们在社会文化发展过程中的一举一动（这一看法有时被称为“动物园假说”，这个名字来自时任哈佛大学天文系研究员约翰·A. 波尔 1973 年发表在杂志《伊卡洛斯》① 上的文章《动物园假说》②）。或者，出于伦理原因，外星人不愿干涉我们的发展进化。

此外，对于费米悖论，还有许多异想天开的解释，其中有一个所谓的“天文馆假说”，是 2001 年由科幻作家斯蒂芬·巴科斯特提出的。按照这个理论，人类生活在外星文明创造出的虚拟现实中，有点

① 英文原名：*Icarus*。

② 英文原名：*The Zoo Hypothesis*。

第一颗星际小行星“奥陌陌”（Oumuamua），来源至今不详。这颗小行星发现于2017年，观测数据显示其中含有大量的金属成分，有人进而猜测它也许是一架外星太空飞船。不过，最近的研究却显示，这颗小行星可能脱离自一颗类似冥王星的系外行星，由固态氮构成。图片来源：欧洲南方天文台/M. 科恩梅瑟。

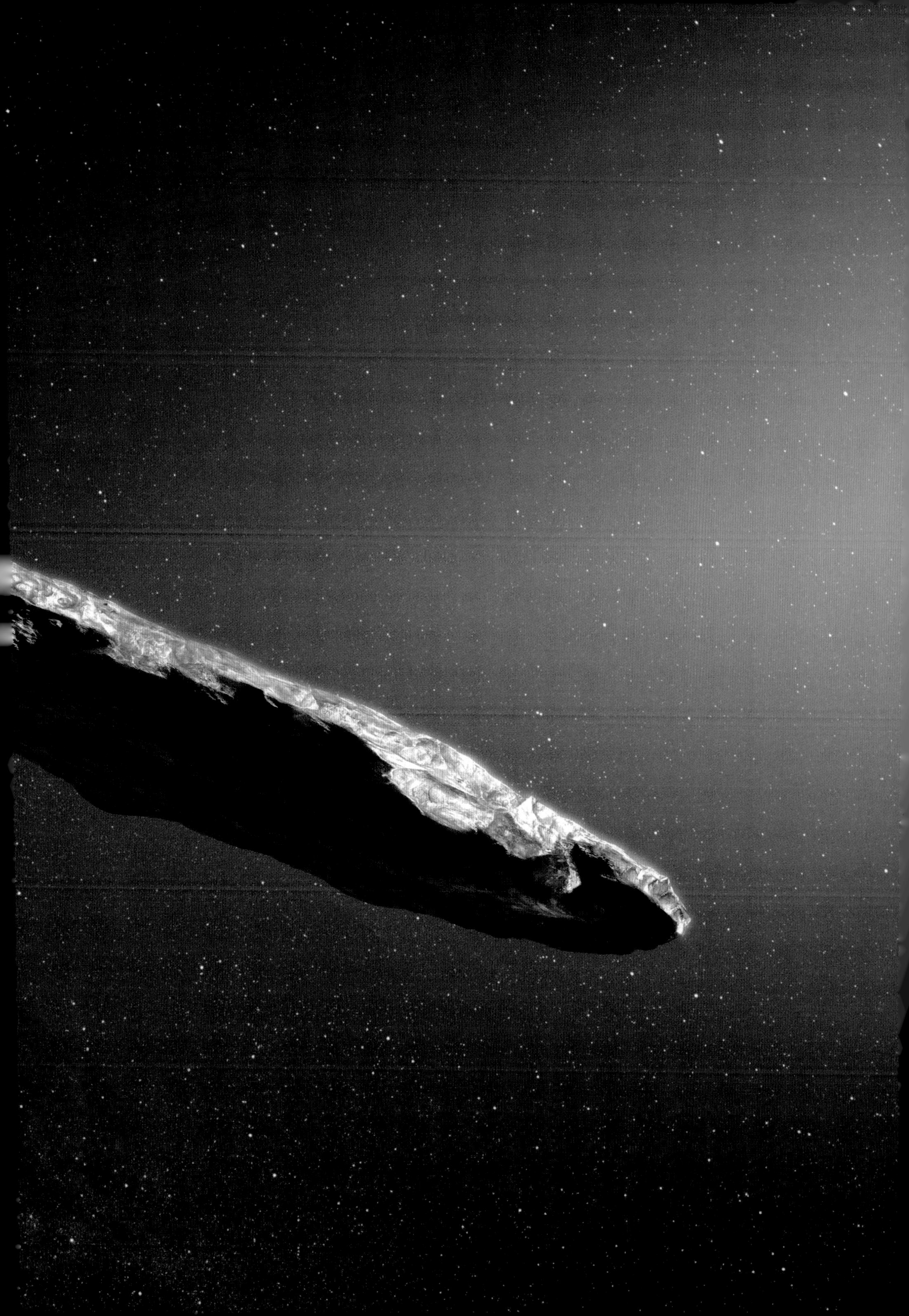

下图　塔比恒星，在光亮中似乎出现了神秘波动。
图片来源：美国国家航空航天局 / 加州理工学院喷气推进实验室。

像著名电影“黑客帝国”系列中描绘的场景。所以，我们看不到它们存在的迹象，因为我们就生活在它们创造出来的世界中。说到底，这与天文学家、搜寻外星智慧生命研究所[①]主任赛斯·肖斯塔克的观点相类似，尽管两者的出发点略有不同，启发赛斯·肖斯塔克的是自家花园里的小甲壳虫，它们爬来爬去，完全没有意识到自己是被观察的对象。

① 搜寻外星智慧生命研究所（SETI Institue）是一家非营利性组织，旨在探索、理解并解释宇宙中生命的起源、特性和传播。

艾伦望远镜阵列

通常，SETI 研究通过将射电望远镜在正常观测中获得的部分数据转移到特殊的分析仪中进行。然而在艾伦望远镜阵列这里，情况却有所不同：它由安装在帽子溪天文台上的一座座天线组成，位于加州的喀斯喀特山上，是 SETI 协会与伯克利大学的合作成果。设计这些装置的主要目的就是寻找可能来自智慧文明的无线电信号，也会进行一些天体物理学方面的研究。该装置的名字来自保罗 · 加德纳 · 艾伦[①]，他是微软的联合创始人，为项目建设投入了部分资金。这套设施自投入使用以来观察到了不同天体，例如 2015 年的塔比恒星（又名 KIC 8462852），它在自己的亮光中产生了奇怪的波动（后来查明，它的周围环绕着一个尘盘）；还有 2019 年的奥陌陌星际小行星，在一些研究者看来，不排除它是一种太空飞船。图片来源：搜寻外星智慧生命研究所。

① 保罗 · 加德纳 · 艾伦（Paul Gardner Allen，1953—2018），美国发明家、投资者、考古学家和慈善家，微软的两位创始人之一。

接收和发送信息

这一章中的大部分内容与探索地外简单生命形式有关，可是，如果费米悖论提到的那些外星文明真的存在并且渴望与我们沟通的话，我们该怎样和他们取得联系呢？我们又期待能收到什么样的信号呢？

以无线电波的形式向太空发射无线电信号，这种方法从 19 世纪末无线电被发明时起就被使用过。1959 年，两位物理学家朱塞佩·科科尼[①]和菲利普·莫里森[②]的一项科研成果为这种方法注入了新的活力。两人注意到，想要实现这种恒星际沟通，正确的频率波段应该在所谓的“水洞”中，即 1420—1662MHz，这两个频率对应的分别是中性氢原子（H）和羟基（- OH）的跃迁谱线，它们在一起化合成水，存在于整个宇宙中，是生命的必需物质。此外，处在这个波段的无线电波能够到达地球表面而不会被大气层吸收，所以能够被射电望远镜检测到。

顺着这一思路，从 1960 年起，一系列智慧文明无线电波信号搜寻计划陆续开启，统称为 SETI（Search for Extraterrestrial Intelligence，搜寻外星智慧生命）计划。同年，该计划的倡导者、天文物理学家弗兰克·德雷克开启首个项目；直到 1992 年，当时正在进行的“微波观测计划”由于美国国会大幅削减项目经费而惨遭腰斩。不过，自 1995 年起，在来自个人和成立于 1984 年的 SETI 研究所的赠款支持下，该项目得以重新恢复。该计划相关项目直到今天仍在继续进行，使用到的射电望远镜有欧洲的低频阵列[③]，澳大利亚的默奇森宽场阵列[④]，以及英国的洛弗尔望远镜[⑤]。然而，所有这些项目中，没有一个真正检测到过地外文明发来的信号。SETI 计划的分支项目“主动 SETI”计划（或称 METI 计划，Messaging to Extra-Terrestrial Intelligence，向地外智慧发送信息）则掉转视角，采取从地球向一些天体主动发送信号的策略——根据一些观点，这些天体上可能会有具备“收听”能力的智慧物种。目前，该计划已经发出了 20 余条信息，其中大部分是由位于克里米亚的叶夫帕托里亚射电望远镜在 1999—2008 年发出的；在编辑这些信息的具体内容时，除了专家外，也征求了社交媒体上一些业余爱好者的意见。

---

① 朱塞佩·科科尼（Giuseppe Cocconi，1914—2008），意大利物理学家，曾担任日内瓦 CERN 质子同步加速器的主任，以从事粒子物理工作和参与 SETI 的工作而闻名。他提出：“成功的概率难以估计；但如果我们不搜索，成功的概率将为零。”

② 菲利普·莫里森（Philip Morrison,1915—2005），麻省理工学院物理学教授。他因在第二次世界大战期间参与曼哈顿计划的工作，以及后来在量子物理学、核物理学、高能天体物理学和 SETI 方面的工作而闻名。

③ 低频阵列（Low-Frequency Array，缩写为 LOFAR）是主要位于荷兰的大型射电望远镜网络，由 ASTRON、荷兰射电天文研究所及其国际合作伙伴于 2012 年建设完成，ASTRON 负责运行。

④ 英文全称为 Murchison Widefield Array。

⑤ 洛弗尔望远镜（Lovell Telescope）是工作于英国柴郡卓瑞尔河岸天文台的一台射电望远镜，属于曼彻斯特大学物理和天文学院。

然而，一些科学家，包括 2018 年去世的史蒂芬 · 霍金在内，都曾言辞激烈地批判过这些计划。他们担心的是，人类这么做可能会将自己暴露在充满敌意的智慧物种面前，从而使地球面临遭受侵略的风险。

上图　位于克里米亚的叶夫帕托里亚射电望远镜抛物线状接收面，直径达 70 米，参与过几次"主动 SETI"活动，即向假想中的外星文明发送信息。图片来源：S. Korotkiy (CC BY-SA 3.0)。

浩劫后

想象一下，一觉醒来，你得知人类发现了一种外星生命形式——也许是一种微生物，又或者是地外智慧文明发来的信号——对此你会作何感想呢？这是 2018 年美国科学促进会在得克萨斯州奥斯汀市举办的年会主题。对此，与会报告者们一致认为，1938 年的那种反应不会再次上演。当时，美国电视制片人兼演员奥森 · 威尔斯在广播节目中绘声绘色地描述了火星人入侵的场面（实际上他是在朗读科幻作家赫伯特 · 乔治 · 威尔斯写的《世界之战》中的一段内容，详见第 132 页图片），结果引起了数百万听众的恐慌。研究人员之所以做出这样的推断，原因在于，最近几十年，人类一步步接近于发现外星生命，而媒体在报道这些可能存在的生命形式时用词也更加正面，所以公众对此反应平平。从 1967 年发现第一颗脉冲星（它发射的无线电波信号起初被认为与太空文明有关），到 1996 年火星陨石 ALH

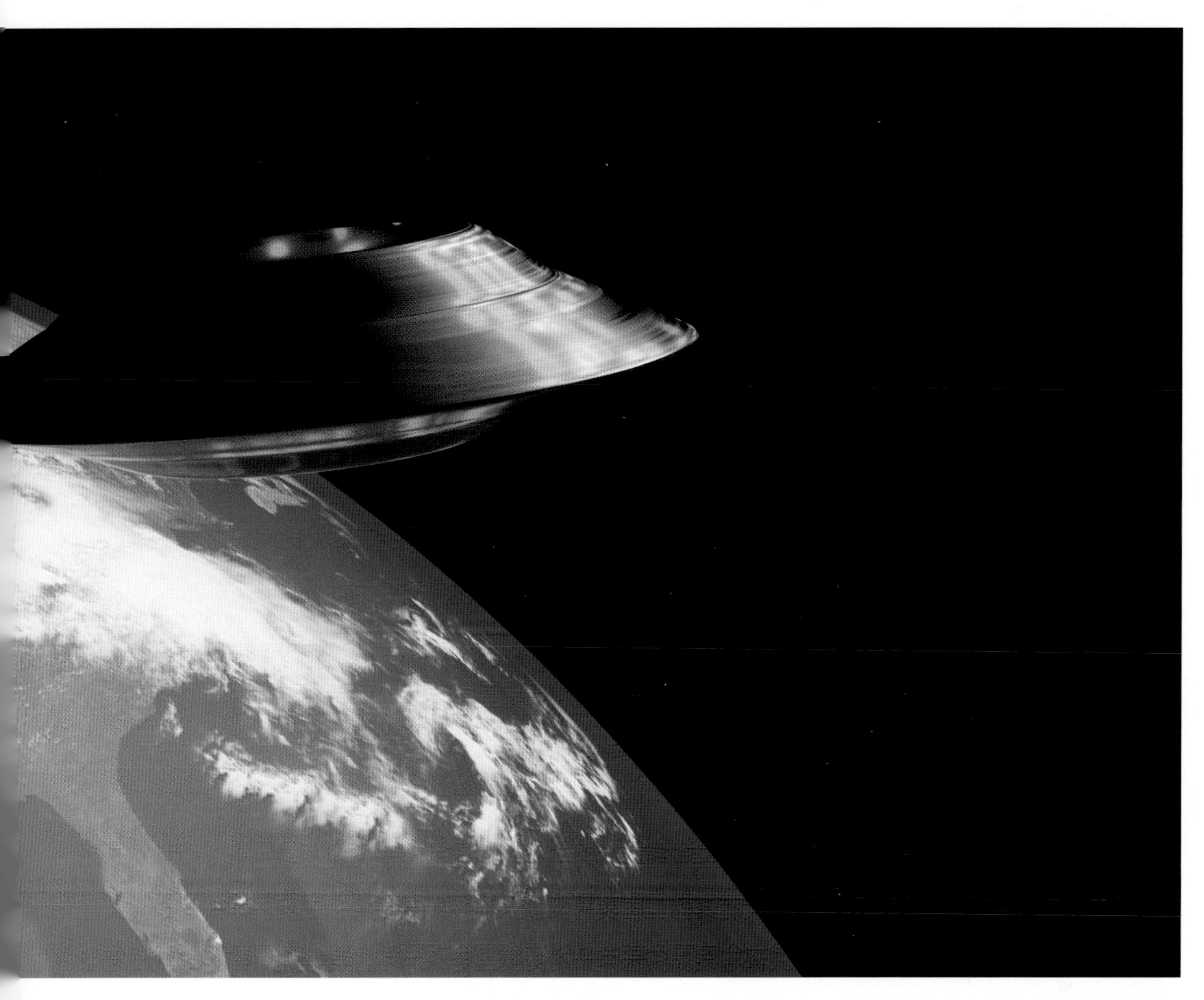

上图　世界各国的科研机构也参与到对 UFO 现象的研究之中，但是目前尚未发现任何由外星文明制造的技术装置。

84001 中发现微生物化石，再到 2017 年在某颗恒星的宜居带中发现不同的系外行星，面对所有这些重大突破，人们的反应可谓是波澜不惊。对此，美国亚利桑那大学研究员迈克尔 · 瓦努姆带领的科研小组于 2018 年在《心理学前沿》[①] 杂志上发表了一项研究成果，研究者们分析了数百人对于这类消息的反应，其中大部分受访者持正面态度，而且普遍认为益处会大于风险。然而，也不乏一些更为谨慎的评论。例如，加拿大多伦多市约克大学人类学家卡斯琳 · 丹宁对此表示担忧，在她看来，这些调查中所谓充足的样本数量只是从统计学的角度出发，但却并没有考虑到世界上不同族群间深刻的文化差异。

的确，这里要强调一下，如果 SETI 计划真发现了确实来自外星文明的信号，那么按照科学家共享协议规定，该信息应当首先传至联合国秘书长，由其负责向全世界公布。

---

① 英文名称：*Frontiers in Psychology*。

学科交叉

美国国家航空航天局为 2015 年度天体生物学早期职业合作奖（美国国家航空航天局为对天体生物学感兴趣的学生和年轻科学家提供的奖项）创作的海报，总结出三个在该主题研究中的协作学科：研究地球这种有生命的行星；调查太阳系行星的各个方面；发现银河系及以外围绕其他恒星而非太阳旋转的一个个外星世界。图片来源：美国国家航空航天局。

望向地平线

阿米地奥 · 巴尔比

在 20 世纪的大部分时间里，学者们普遍认为火星能够承载某些生命。一开始，美国天文学家帕西瓦尔 · 罗威尔把同事乔瓦尼 · 夏帕雷利的观测结果翻译成英文时用错了单词，再加上他本人也观测到了同样的景象，于是便坚信火星上存在人工开凿的“运河”，从而得出结论，认为火星上居住有掌握着先进技术的智慧生物。然而，夏帕雷利和罗威尔看到的“沟渠”实际上并不存在，它们其实是由于观测设备精度不高而产生的视觉错误，然后又被草率地归类为非自然结构。所以说，热情有余但批判精神不足的话，反而可能会贻笑大方。

来到 20 世纪 50 年代，此时火星上存在智慧生命的可能性已被排除，不过，一些刊登在知名科学杂志上的权威研究则指出火星上可能存在植被。天文学家威廉 · 辛顿在分析了火星表面的反射光之后，认为其中出现了与地球植物反射光相同的谱线。不用说，这一“发现”也没能经住进一步的验证。

我们应当以正确的态度去看待这些“前车之鉴”。它们给我们的启示是，在试图从纷繁复杂的数据中提取出重要结论时，一定要慎之又慎。目前，关于火星生命方面的研究还没有完全终止。据说这颗行星上可能存在一些微生物，目前正在对其进行探索，以及未来开展相关工作的探测器将就此寻找证据。而在太阳系的其他地方，比如像木星和土星的那些拥有冰的卫星们，理论上也有可能是微生物的栖居地。此外，未来几十年，新的观测仪器能够使我们更加细致地去观察其他恒星周围的世界。进行这些观察的目标之一就是寻找生命存在的迹象，也就是所谓的“生命印记”，即能够潜在证明生命活动的物质（如氧气或甲烷）。

不过，未来我们可能还会发现更多有意思的事情。最近几年，人类又发现了许多新型系外行星，受此影响，继 20 世纪 60 年代一系列具有开创性（但却没有成果）的项目之后，地外智慧生命搜寻工作又迎来了第二春。如今，该领域的研究与当初的 SETI 计划相比已经有了很大不同。SETI 时代，地外生命探索工作主要集中在研究可能接收到的人造无线电波；如今，人们想的是去寻找类似生物印记的“技术印记”，即技术活动的迹象。它们有可能是大型设施，有可能是卫星系统，还有可能是工业活动在大气中产生的污染物。

这些前景都令人迷醉。但是我们也应当时刻记住一点：如果真的存在地外生命，它肯定不会被“突然”发现。也就是说，我们不会哪天一醒来就突然发现地球生物并非宇宙中的唯一。事实上，任何可能的“证据”都会被仔细分析，并接受各种长时间的独立调查。从发现某颗行星的光谱中出现特殊痕迹，到确定其真的来自另一种智慧或非智慧生命，很可能要花费数年的时间。罗威尔的“运河”和辛顿的植被就是最好的警钟。

阿米地奥 · 巴尔比

阿米地奥 · 巴尔比，天文物理学家，罗马第二大学副教授；研究兴趣广泛，从宇宙学到地外生命探索均有涉猎；出版科学著作逾百部（篇），是国际天文学联合会、基础问题研究所、国际宇航科学院 SETI 常务委员会与意大利天体生物学学会科学委员会等多家机构成员；在科普方面，多年来为意大利《科学》月刊撰写专栏，参与过相关广播和电视节目制作，在包括意大利《共和报》和《邮报》在内的多家报纸和期刊上发表过文章；出版多部书籍，其科普哲理漫画《宇宙连环画》(Codice 出版社，2013）年被翻译成四种语言；2015 年，凭借作品《寻找奇迹的人》（Rizzoli 出版社，2014 年）获意大利国家科普奖；最近一部作品为《最后的地平线》(UTET 出版社，2019 年）。

作者介绍

詹卢卡·兰齐尼

在少年时参观米兰天文馆后对天文学产生兴趣，毕业于天体物理学专业，论文涉及太阳系外行星。毕业后，他在该天文馆担任了几年的科学负责人。随后，他转行从事科学新闻工作，加入《焦点》月刊的编辑部，现在是该杂志的副主编。他已经出版了十几本普及读物，包括与玛格丽塔·哈克合作的《一切始于恒星》和《令人生畏的恒星》以及最近的《为什么他们说地球是平的》，后者的内容涉及地平说和科学方面的假新闻现象。但他并没有忘记行星的世界。2009 年，他创立了意大利行星协会，自 2012 年起担任该协会主席。

达妮埃莱·文图罗利

米兰大学物理学专业硕士、人体生理学博士，在瑞典隆德大学科研助理岗位上工作超 10 年；后来，在一次召开于阿斯科纳渥瑞塔山的会议上，他偶然结识了乔尔乔·比安恰尔迪，后者是意大利较早在锡耶纳大学开设宇宙生命探索课程的大学教师之一。文图洛里对这一主题充满热情，并且找到了最适合自己的工作——天体生物学科普。其最近出版的作品有：Hachette 出版社系列丛书“发现科学”之《宇宙中的生命起源—— 天文生物学小册子》，与大卫·切纳德利合著；丛书“宇宙之旅”之《宇宙中的生命》，主编是安德烈亚·费拉拉。他也是蒙萨和布里安萨省瓦雷多市第三时代大学（UNITRE）“此处与别处的生物学”课程策划者和主讲教师。此外，他还为 *FOCUS* 系列刊物供稿。